PEIDIANWANG YUNWEI GUICHENG

配电网运维规程

国网北京市电力公司　编

中国电力出版社

CHINA ELECTRIC POWER PRESS

内 容 提 要

为进一步规范配电网施工验收、运维和检修工作，国网北京市电力公司根据国家电网公司配电网"六化、六统一"标准化建设工作整体部署，结合国网北京市电力公司配电网的发展水平、运行经验和管理要求，特编制《配电网运维规程》、《配电网检修规程》、《配电网施工工艺及验收规范》系列规范。

本系列规范适用于从事配电网施工验收、运行维护的人员阅读，亦可作为配电网施工单位的技术人员及大专院校师生的参考用书。

图书在版编目（CIP）数据

配电网运维规程/国网北京市电力公司编. —北京：中国电力出版社，2015.6（2025.3 重印 ）

ISBN 978-7-5123-7843-8

Ⅰ. ①配… Ⅱ. ①国… Ⅲ. ①配电系统—电力系统运行—维修 Ⅳ. ①TM727

中国版本图书馆 CIP 数据核字（2015）第 109559 号

中国电力出版社出版、发行

（北京市东城区北京站西街 19 号 100005 http://www.cepp.sgcc.com.cn）

固安县铭成印刷有限公司印刷

各地新华书店经售

*

2015 年 6 月第一版 2025 年 3 月北京第十二次印刷

787 毫米×1092 毫米 16 开本 6.5 印张 152 千字

印数 15701—16200 册 定价 26.00 元

编　委　会

前 言

  配电网作为最基础的电力设施，与广大电力用户直接相连，是电能传输链的重要环节，其结构及设备设施运行管理状况直接影响到供电可靠性和电能质量。配电网的建设和运行涉及规划设计、设备选用、建设改造、施工验收、运行维护等多个管理环节，其中施工验收、运行维护环节对于配电网的安全可靠运行，具有至关重要的作用。

  为进一步规范配电网施工验收、运维和检修工作，国网北京市电力公司（简称国网北京公司）根据国家电网公司配电网"六化、六统一"标准化建设工作整体部署和配电网相关规范，结合国网北京公司配电网的发展水平、运行经验和管理要求，特编制《配电网运维规程》、《配电网检修规程》、《配电网施工工艺及验收规范》系列规范，全面指导公司配电网施工验收、运维和检修工作。该书内容全面、结合实际、可操作性强，对于生产一线工作具有很强的指导意义。

  由于编写时间仓促，难免存在不足之处，恳请广大专业技术人员提出宝贵意见和建议，以便今后完善。

编者

目　录

配 电 网 运 维 规 程

1 范围

本规程规定了 10kV 及以下配电网运维工作所应遵守的主要技术规范与要求。

本规程适用于国网北京市电力公司所属各供电公司 10kV 及以下配电网设备运维工作。

2 规范性引用文件

下列文件中的条款通过本规程的引用而成为本规程的条款。凡是注日期的引用文件，仅注日期的版本适用于本文件。凡是不注日期的引用文件，其最新版本（包括所有的修改单）适用于本文件。

GB 50052　供配电系统设计规范

GB 50053　20kV 及以下变电所设计规范

GB 50150　电气装置安装工程　电气设备交接试验标准

GB 50168　电气装置安装工程　电缆线路施工及验收规范

GB 50169　电气装置安装工程　接地装置施工及验收规范

GB 50173　电气装置安装工程　66kV 及以下架空电力线路施工及验收规范

GB 50217　电力工程电缆设计规范

DL/T 572　电力变压器运行规程

DL/T 596　电力设备预防性试验规程

DL/T 599　城市中低压电网改造技术导则

DL/T 601　架空绝缘配电线路设计技术规程

DL/T 602　架空绝缘配电线路施工及验收规程

DL/T 741　架空送电线路运行规程

DL/T 5220　10kV 及以下架空配电线路设计技术规程

SD 292　架空配电线路及设备运行规程

Q/GDW 370　城市配电网技术导则

Q/GDW 382　配电自动化技术导则

Q/GDW 643—2011　配网设备状态检修试验规程

Q/GDW 644—2011　配网设备状态检修导则

Q/GDW 645—2011　配网设备状态评价导则

Q/GDW 745—2012　配电网设备缺陷分类标准

Q/GDW 1512—2014　电力电缆及通道运维规程

Q/GDW 1519—2014　配电网运维规程

Q/GDW 1799.2—2013　国家电网公司电力安全工作规程　线路部分

Q/GDW 11261—2014　配电网检修规程

Q/GDW 11262—2014 电力电缆及通道检修规程

DB11/T 963—2013 电力管道建设技术规范

国务院令第 239 号 电力设施保护条例

电监会 27 号令 供电监管办法

国网（运检/4）306—2014 国家电网公司配网运维管理规定

国网（运检/4）311—2014 国家电网公司配网检修管理规定

国家电网生〔2009〕190 号 关于印发《国家电网公司深入开展现场标准化作业工作指导意见》的通知

国家电网生〔2008〕269 号 关于印发国家电网公司设备状态检修管理规定（试行）和关于规范开展状态检修工作意见的通知

国家电网生〔2010〕637 号 国家电网公司电缆通道管理规范

京电科信〔2013〕27 号 北京市电力公司直埋电缆标识标牌技术标准

京电安〔2014〕25 号 国网北京市电力公司有限空间作业安全工作规定

京电生〔2011〕33 号 北京市电力公司电力设备状态检修试验规程

3 术语和定义

下列术语和定义适用于本规程。

3.1

开关站 switching station

10kV 进线由变电站引出（至少有两回），10kV 侧设有母联并具备自投功能，10kV 侧采用断路器并配有直流（交流）及保护装置的电力设施，必要时可附设配电变压器。其作用为：配电线路之间互联互供；减少变电站出线走廊，将变电站 10kV 母线延伸至负荷中心区，起负荷再分配作用。

3.2

配电室 distribution room

10kV 侧无母联，10kV 侧一般采用负荷开关（变压器单元为熔断器保护）或断路器，装有配电变压器和低压配电装置的配电间。其作用为：向负荷中心区提供低压电源；串带下级配电室，实现环网供电；依据就近供电的原则，就近向 10kV 用户提供电源。

3.3

箱式变电站 cabinet/pad-mounted distribution substation

也称预装式变电站或组合式变电站，指由 10kV 开关、配电变压器、低压出线开关、无功补偿装置和计量装置等设备共同安装于一个封闭箱体内的户外配电装置。

3.4

环网单元 ring main unit

用于 10kV 电缆线路分段、联络及分接负荷，由进、出线环网柜及附属设备组成。按使用场所可分为户内环网单元和户外环网单元；按结构可分为整体式和间隔式。户内环网单元安装于室内，主要用于电缆线路中，亦称电缆分界室。户外环网单元安装于箱体中，主要用于架混线路，亦称开闭器。

3.5

断路器　circuit breaker

能够关合、承载和开断正常回路条件下的电流并能关合、在规定的时间内承载和开断异常回路条件下的电流的开关装置。

3.6

负荷开关　load switch

介于断路器和隔离开关之间的一种开关设备，具有简单的灭弧装置，能切断额定电流和一定的过载电流，但不能切断短路电流。

3.7

隔离开关　disconnector

在分闸位置时，触头间有符合规定要求的绝缘距离和明显的断开标志；在合闸位置时，能承载正常回路条件下的电流和在规定时间内异常条件（例如短路）下的电流的开关设备。

3.8

电缆本体　cable body

指除去电缆接头和终端等附件以外的电缆线段部分。

3.9

电缆终端　cable termination

安装在电缆末端，以使电缆与其他电气设备或架空输配电线路相连接，并维持绝缘直至连接点的装置。

3.10

电缆接头　cable joint

连接电缆与电缆的导体、绝缘、屏蔽层和保护层，以使电缆线路连续的装置。

3.11

电缆附件　cable accessories

电缆终端、电缆接头等电缆线路组成部件的统称。

3.12

电缆通道　power channels

电缆隧道、电缆沟、排管、直埋、电缆桥、电缆竖井等电缆线路的土建设施。

3.13

电力隧道　cable tunnel

容纳电缆数量较多、有供安装和巡视方便的通道，且为地下电缆构筑物。

3.14

电力排管（埋管）cable duct

按规划电缆数量开挖沟槽一次建成多孔管道的地下电缆构筑物。

3.15

工作井　manhole

供人员出入以安装电缆接头等附属部件、供牵拉电缆作业所需的或电缆通道通风所需的电缆构筑物。

3.16

柱上负荷开关　pole-mounted load switch

安装于电线杆上，用于断开、闭合架空线路的负荷开关设备。

3.17

柱上用户分界负荷开关　pole-mounted user boundary load switch

安装于电线杆上，由负荷开关本体及测控单元组成，通过航空插接件及户外密封控制电缆进行电气连接的免维护成套设备，用于供电公司与用户的产权分界。

3.18

户外封闭型喷射式熔断器　outdoor closed type jet fuse

由绝缘封闭型喷射式瓷件、载熔件，绝缘接线端子，绝缘接线端子引线，密封件等组成的户外熔断器。当电流超过规定值足够时间，熔断件熔体在载熔件灭弧管内熔断，同时熔断件熔断后自动弹出一定距离而提供足够的隔离断口。它是喷射式熔断器的一种。

3.19

配电自动化　distribution automation（DA）

以一次网架和设备为基础，综合利用计算机、信息及通信等技术，并通过与相关应用系统的信息集成，实现对配电网的监测、控制和快速故障隔离。

3.20

配电自动化系统　distribution automation system（DAS）

实现配电网运行监视和控制的自动化系统，具备配电 SCADA（supervisory control and data acquisition）、故障处理、分析应用及与相关应用系统互连等功能，主要由配电自动化系统主站、配电自动化系统子站（可选）、配电自动化终端和通信网络等部分组成。

3.21

配电自动化系统主站　master station of distribution automation system

主要实现配电网数据采集与监控等基本功能和分析应用等扩展功能，为配网调度和配电生产服务。简称配电主站。

3.22

配电自动化终端　remote terminal unit of distribution automation

安装在配电网的各种远方监测、控制单元的总称，完成数据采集、控制、通信等功能。简称配电终端，主要包括馈线终端、站所终端等。

3.23

馈线终端　feeder terminal unit（FTU）

安装在配电网架空线路杆塔等处的配电终端，按照功能分为"三遥"终端和"二遥"终端，其中"二遥"终端又可分为基本型终端、标准型终端和动作型终端。

3.24

站所终端　distribution terminal unit（DTU）

安装在配电网开关站、配电室、环网单元、箱式变电站等处的配电终端，依照功能分为"三遥"终端和"二遥"终端，其中"二遥"终端又可分为标准型终端和动作型终端。

3.25

配变终端　transformer terminal unit（TTU）

安装在配电变压器，用于监测配电变压器各种运行参数的配电终端。

3.26

电压互感器　voltage transformer（TV）

主要由一次绕组、二次绕组、铁芯和绝缘组成。将高电压按比例转换成低电压，主要给测量仪表、继电保护及自动化装置用。

3.27

电流互感器　current transformer（TA）

主要由一次绕组、二次绕组，铁芯和绝缘组成。将大电流按比例转换成小电流，主要给测量仪表、继电保护及自动化装置用。

3.28

状态　condition

对设备当前各种技术性能与运行环境综合评价结果的体现。设备状态分为正常状态、注意状态、异常状态和严重状态四种类型。

3.29

状态量　criteria

指直接或间接表征设备状态的各类信息，如数据、声音、图像、现象等。

4　总则

4.1　配电网运维工作应贯彻"安全第一、预防为主、综合治理"的方针，严格执行《北京市电力公司电力安全工作规程》的有关规定。

4.2　配电网运维单位（以下简称运维单位）应参与配电网的规划、设计审查、设备选型与招标、施工验收及用户业扩工程接入方案审查等工作；根据历年反事故措施、安全措施的要求和运行经验，提出改进建议，力求设计、选型、施工与运行协调一致。

4.3　运维单位应建立运行岗位责任制，明确责任分工，各配电设备、设施应有专人负责。

4.4　运维人员应熟悉《中华人民共和国电力法》《电力设施保护条例》《电力设施保护条例实施细则》及《国家电网公司电力设施保护工作管理办法》等国家法律、法规和公司有关规定。

4.5　配电网运维工作应积极推广应用带电检测、在线监测等手段，及时、动态地了解和掌握各类配电设备的运行状态，并结合配电设备在电网中的重要程度以及不同季节、环境特点，采用定期与非定期巡视检查相结合的方法，确保工作有序、高效。

4.6　配电网运维工作应推行设备状态管理理念，积极开展设备状态评价，及时、准确掌握配电设备状态信息，分析配电设备运行情况，提出并实施预防事故，提高安全运行水平的措施。

4.7　运维单位应开展电力设施保护宣传教育工作，建立和完善电力设施保护工作机制和责任制，加强线路防护区管理，防止外力破坏。

4.8　配电网运维工作应充分发挥配电自动化与管理信息化的优势，应用地理信息系统与现场巡视检查作业平台，并采用标准化作业手段，不断提升运维工作水平与效率。

4.9　运维人员应经过相关技术培训并取得相应技术资格，熟悉并掌握配电设备状况。

4.10　配电网管理及运维人员应熟悉本规程。

5 配电设备运维分界

5.1 配电网维护范围

运维单位应有明确的设备运行责任分界点，配电网与变电站、用户的分界点应划分清晰，避免出现空白点（区段）。

5.1.1 与变电站分界：

5.1.1.1 架空线路：变电站10kV出线架构线路侧耐张线夹外2m处为分界点，分界点以外属配电架空线路。

5.1.1.2 电缆线路：以变电站10kV出线开关柜内电缆终端为分界点，电缆终端（含连接螺栓）及电缆属配电电缆线路。其中，电缆终端的拆装及维护性消缺工作由配电网运维单位负责（变电站内电缆及通道、电缆终端的日常巡视、测温由变电运维负责）。

5.1.2 与用户分界（特殊情况以签订的供用电协议为准）：

5.1.2.1 架空线路：10kV架空线路与用户设备的分界点为用户分界10kV隔离开关用户侧2m处或用户分界负荷开关杆用户侧2m处。低压架空线路与用户设备分界点，有进线隔离开关的，以隔离开关作为分界点；无隔离开关的，以供电接户线最后支持物，作为分界点，支持物属供电公司。

5.1.2.2 电缆线路：10kV电缆线路与用户设备的分界，以用户进线电缆电源侧终端为分界点，分界点电缆侧（含终端和螺栓）属用户运维。低压电缆线路与用户设备的分界，以低压用户进线电缆电源侧终端为分界点，分界点电缆侧（含终端和螺栓）属用户运维。

5.1.3 与路灯分界：

5.1.3.1 架空线路：单独架设的低压路灯线路或单独敷设的低压路灯电缆线路、与10kV线路同杆架设的低压路灯线路归属路灯运维单位。

5.1.3.2 电缆线路：以路灯进线电缆电源侧终端为分界点，分界点电缆侧（含终端和螺栓）归属路灯运维单位。

5.2 配电设备维护范围内各专业的分界原则

5.2.1 架空线路与电缆线路的分界：架空线路的引线与电缆头的连接螺栓为分界点，螺栓以外（包括隔离开关、避雷器、熔断器）属架空线路。

5.2.2 跨越区县边界的中低压架空线路（设备），其分界点由双方协商确定，其中柱上配电变压器和其所馈出的低压架空线路、低压接户线应归同一供电公司管理。

5.2.3 配电站室（开关站、配电室、箱式变压器）：以电缆终端金具与开关柜的连接螺栓为分界点。电缆终端（含连接螺栓）及电缆线路侧属配电电缆专业，分界点开关柜侧属配电站室专业。

5.2.4 配电自动化及通信设备的分界：

5.2.4.1 配电自动化终端设备（DTU、FTU、TTU及无线通信模块）归各供电公司运维管理。

5.2.4.2 配电自动化系统的通信终端（EPON、以太网交换机）、分光器（ODN）、光网络单元（ONU）和光纤线路归各供电公司运维管理，光通信设备网管系统归信息通信公司运维管理。

5.2.4.3 以配电自动化主站前置采集交换机出线端口为分界点，分界点及主站侧归属调控专业，分界点通信侧归属通信专业。以配电自动化通信终端通信端口（网口或串口）为分界点，分界点配电自动化终端侧归属运检专业，分界点及通信线缆侧归属通信专业。

5.2.4.4 调控专业负责配电自动化故障自动隔离装置或为故障隔离提供参数的装置定值整定和定值管理工作，负责低压自投装置、低压开关保护装置定值管理工作。

5.2.4.5 运检专业负责溢水报警、SF_6气体压力等环境和设备状态监测参数的管理工作。

5.3 设备管理责任分工

设备管理单位应明确设备责任主体，明确设备维护责任人，做到管理职责清晰，不留管理空白。

6 生产准备及验收

6.1 一般要求

6.1.1 运维单位应根据工程施工进度，按实际需要完成生产装备、工器具等运维物资的配置，收集新投设备详细信息、基础数据与相关资料，建立设备基础台账，完成标识标示及辅助设施制作安装的验收，做好工器具与备品备件的接收。

6.1.2 配电网新（扩）建、改造、检修、用户接入工程及用户需要移交的设备应进行验收，主要包括设备到货验收、工程中间验收和竣工验收。

6.1.3 验收内容包括架空线路工程类验收、电力电缆工程类验收、站室工程类验收、配电自动化工程验收等。涉及用户移交的设备，在验收合格并签订移交协议后统一管理。

6.1.4 运维单位应根据本规程及相关规定，结合验收工作具体内容，按计划做好验收工作，确保配电设备、设施零缺陷移交运行。

6.1.5 验收工作应按照国家、行业及公司等相关验收规范内容与要求进行。

6.1.6 验收工作重点检查工程是否符合设计图纸要求，工程建设资料、施工安装记录和试验报告是否齐全，设备性能、安全设施及防护装置等是否符合要求。验收中发现的缺陷及隐患，应由检修、施工单位在投运前处理完毕。

6.1.7 运维人员应参加对配电网新（扩）建、改造、检修等项目的验收，并积极参与项目规划方案、设计审查、设备选型等全过程管理。

6.1.8 配电网新（扩）建、改造、检修、用户接入工程完工后，运维人员应及时掌握并记录设备变更、试验、检修情况以及运行中应注意的事项，确认设备是否合格、是否可以投入运行的结论，并在各种资料、图纸齐全、手续完备、现场验收合格的情况下，予以投入运行。

6.1.9 配电站室新设备施工阶段，运维单位应有专人负责搜集、整理相关资料，编制新设备现场运行规程。在新设备投运前，完成现场运行规程的编制或修订工作。

6.2 生产准备

6.2.1 运维单位应参与配电网项目可研报告、初步设计的技术审查。

6.2.2 可研报告的主要审查内容：

（1）应符合 DL/T 599《城市中低压配电网改造技术导则》、Q/GDW 370《城市配电网技术导则》、Q/GDW 382《配电自动化技术导则》等技术标准要求；

（2）应符合电网现状（变电站地理位置分布、现状情况及建设进度、供区负荷情况、变压器容量、无功补偿配置、供电能力等）；

（3）应采用合理的线路网架优化方案，提升互倒互带能力，满足供电可靠性、线损率、电压质量、容载比、供电半径、负荷增长等管理要求；

（4）应采用合理的工程建设方案，尽量统一主设备参数，减少设备种类。

6.2.3 初步设计的主要审查内容：

（1）应符合项目可研批复；

（2）电缆线路路径应取得市政规划部门或土地权属单位盖章的书面确认；

（3）应符合 GB 50052《供配电系统设计规范》、GB 50053《20kV 及以下变电所设计规范》、GB 50217《电力工程电缆设计规范》、DL/T 601《架空绝缘配电线路设计技术规程》、DL/T 5220《10kV 及以下架空配电线路设计技术规程》等标准及国网北京市电力公司典型设计要求；

（4）设备、材料及措施应符合环保、气象、环境条件、运行方式、安措反措等要求。

6.2.4 运维单位应提前介入工程施工，掌握工程进度，参与工程验收。

6.2.5 配电网工程投运前应具备以下条件：

（1）规划、建设等有关文件，与相关单位签订的协议书；设计文件、设计变更（联系）单，重大设计变更应具备原设计审批部门批准的文件及正式修改的图纸资料。

（2）工程施工记录，主要设备的安装记录；隐蔽工程的中间验收记录。

（3）设备技术资料（技术图纸、设备合格证、使用说明书等）；设备试验（测试）、调试报告；设备变更（联系）单。

（4）电气系统图、土建图、电缆路径图（含坐标）和敷设断面图（含坐标）等电子及纸质竣工图，现场一次接线模拟图。

（5）工程完工报告、验收申请、施工总结、工程监理报告、竣工验收记录。

（6）各类标识。

（7）必备的各种备品备件、专用工具和仪器仪表等；安全工器具及消防器材。

（8）新设备运维培训。

（9）完成竣工资料收集、整理与保存工作。

（10）所有试验数据均符合规程要求。

（11）在地理信息系统（GIS）中完成台账、图形和敷设断面的维护工作，在生产管理系统（PMS）中完成试验报告维护工作。

（12）具备保护（控制）功能的开关类（含负荷开关、用户分界负荷开关及低压开关）设备，应完成定值计算、定值设定、保护传动验收等工作。

（13）具备自动化功能的设备，应完成"越限"定值计算、定值设定、传动及自动化系统传动验收等工作。

（14）配电自动化配套建设的通信系统应验收合格，光纤线路、通信设备及通信系统电源验收合格，自动化终端设备与通信系统连接正确。

6.3 设备到货验收

设备到货后，运维单位应参与对现场物资的验收。主要内容包括：

（1）设备外观、设备参数应符合技术标准和现场运行条件；

（2）设备合格证、试验报告、专用工器具、一次（二次）接线图、安装基础图、设备安装与操作说明书、设备运行检修手册等应齐全。

6.4 中间验收

6.4.1 运维单位应根据工程进度，参与隐蔽工程（杆塔基础、电缆通道、站房等土建工程）及关键环节的中间验收。主要内容包括：

（1）材料合格证、材料检测报告、混凝土和砂浆的强度等级评定记录等验收资料应正确、完备；

（2）回填土前，基础结构及设备架构的施工工艺及质量应符合要求；

（3）杆塔组立前，基础应符合规定；

（4）接地极埋设覆土前，接地体连接处的焊接和防腐处理质量应符合要求；

（5）埋设的导管、接地引下线的品种、规格、位置、标高、弯度应符合要求；

（6）电力电缆及通道施工质量应符合要求；

（7）回填土夯实应符合要求；

（8）对重要客户外电源的电缆接头制作进行旁站验收，施工质量应符合要求；

（9）电缆井室、电缆隧道等地下构筑物的绑筋、接地、防水等重要环节应符合要求；

（10）检查配电站室夹层管口封堵、屋面是否按照防汛要求刷防水涂料、屋顶坡度是否满足防汛要求、站内排水措施是否完善。

6.4.2 运维单位应督促相关单位对验收中发现的问题进行整改并进行复验。

6.5 竣工验收

6.5.1 运维单位应审核工程组织单位提交的竣工资料和验收申请，参与竣工验收。

6.5.2 验收和试验发现的问题要及时进行记录、分析、汇总，重大问题要及时汇报。验收通过后，各验收单位（部门）在验收报告中进行签字认证，并加盖单位（部门）印章。

6.5.3 提交的竣工资料应包括纸质资料及其电子版，竣工图应提交蓝图、底图和 CAD 图，竣工资料验收合格后，由运维单位（部门）负责进行整理并归档。

6.5.4 竣工验收不合格的工程不得投入运行。

6.5.5 竣工资料验收的主要内容包括：

（1）竣工图（电气、土建）应与审定批复的设计施工图、设计变更（联系）单一致；

（2）施工记录与工艺流程应按照有关规程、规范执行；

（3）有关批准文件、设计文件、设计变更（联系）单、试验（测试）报告、调试报告、设备技术资料（技术图纸、设备合格证、使用说明书等）、设备到货验收记录、中间验收记录、监理报告等资料应正确、完备；

（4）电缆专业还应包括电缆敷设记录、电缆接头安装记录、隐蔽工程记录、土建验收单、管线测绘资料；

（5）需要移交资产的项目还应有资产移交清单；

（6）批准文件应包括建设规划许可证、规划部门对于线路路径的批复文件、施工许可证，设备、电缆（通道）沿线施工与有关单位签署的各种协议；

（7）试验报告应包括主要材料、设备的出厂试验报告、到货检测报告、设备保护装置调试报告、交接试验报告和电缆振荡波局部放电检测试验报告。

6.5.6 架空线路工程类验收主要包括导线、拉线、绝缘子、金具、杆塔本体、杆塔基础、柱上负荷开关设备（含 TV 及熔断器）、柱上变压器、柱上低压配电箱、线路调压器、柱上无功补偿装置、防雷和接地装置等验收。主要内容包括：

（1）型号、规格是否符合设计规定，安装工艺是否符合标准；

（2）设备安装是否牢固，电气连接是否良好；

（3）杆塔组立的各项误差是否超出允许范围；

（4）导线弧垂、相间距离、对地距离、交叉跨越距离及对建筑物接近距离是否符合规定；

（5）相位是否正确；

（6）接地装置是否符合规定，接地电阻是否合格；

（7）拉线制作和安装是否符合规定；

（8）线路通道沿线有无影响线路安全运行的树木、建筑物等障碍物；

（9）标识（线路名称、杆号牌、电压等级、变压器标识、开关、隔离开关标识、杆塔埋深标识等）是否齐全，设置是否规范；

（10）安全标示（"双电源""高低压不同电源""止步、高压危险！""禁止攀登 高压危险"、拉线警示标志、电杆防撞警示标志、其他跨越鱼塘或风筝放飞点等外力易破坏处禁止或警告类标识牌、宣传告示等）是否齐全，设置是否规范。

6.5.7 电力电缆工程类验收主要包括通道、电缆本体、电缆附件、附属设备、附属设施、环网单元、低压电缆分支箱等验收。主要内容包括：

（1）型号、规格应符合设计要求，安装工艺应符合标准要求，敷设应符合批准的位置；

（2）通道、附属设施应符合规定；

（3）防火、防水应符合设计要求，孔洞封堵应完好；

（4）电缆应无机械损伤，排列应整齐；

（5）电缆及附件的固定、弯曲半径、保护管安装等应符合规定；

（6）电气连接应良好，相位应正确；

（7）低压电缆分支箱、环网单元安装工艺应符合标准，箱内接线图应正确、完备；

（8）接地装置应符合规定，接地电阻应合格；

（9）各类标识（电缆标志牌、相位标识、路径标志牌、标桩等）应齐全，设置应规范；

（10）电缆敷设路径、接头位置应与竣工图一致；

（11）电缆、设备到货检测试验应合格；

（12）电缆、设备应按现行电缆试验标准完成试验工作，试验项目应齐全，试验结果应合格。

6.5.8 站房工程类验收主要包括开关站、环网单元、配电室、箱式变电站及所属的柜体、母线、断路器、隔离开关、变压器、电压互感器、电流互感器、无功补偿设备、防雷与接地装置、继电保护装置、自动化装置、构筑物等验收。主要内容包括：

（1）设备及材料型号、规格是否符合设计要求，安装工艺是否符合标准；

（2）设备安装是否牢固、电气连接是否良好；

（3）电气接线是否正确；

（4）开关柜前后通道是否满足运维要求；

（5）开关柜操动机构是否灵活；

（6）开关柜仪器仪表指示、机械和电气指示是否良好；

（7）闭锁装置是否可靠、满足"五防"规定；

（8）接地装置是否符合规定，接地电阻是否合格；

（9）防小动物、防火、防水、防凝露、通风措施是否完好；

（10）构筑物土建是否满足设计要求及防汛要求，站室是否安装溢水报警装置；

（11）开关站、环网单元、配电室内外环境是否整洁；

（12）设备标识（站房标志牌、母线标识、开关设备标志牌、变压器标志牌、电容器标志牌、接地标识等）是否齐全，设置是否规范；

（13）安全标示是否齐全，设置是否符合安规要求。

6.5.9 配电自动化终端（包括馈线终端、站所终端、配变终端等设备）及通信设备等验收。主要内容包括：

（1）型号、规格、安装工艺应符合公司相关标准；

（2）终端设备传动测试（各指示灯信号、遥信位置、遥测数据、遥控操作、通信等）应符合公司相关标准；

（3）终端装置的参数、定值设定及现场调试传动正确；

（4）通信线路、通信设备验收合格，测试正常；

（5）二次端子排接线应牢固，二次接线标识应清晰正确；

（6）交直流电源、蓄电池电压、浮充电流应正常，蓄电池应无渗液、老化；

（7）机箱应无锈蚀、缺损；

（8）接地装置应符合规定，接地电阻应合格；

（9）防小动物、防火、防水、防潮、通风措施应完好；

（10）各类标识标示（终端设备标志牌、附属设备标志牌、控制箱和端子箱标志牌、低压电源箱标志牌等）应齐全，设置应规范。

7 配电网巡视

7.1 一般要求

7.1.1 运维单位应结合配电设备、设施运行状况和气候、环境变化情况以及上级运维管理部门的要求，编制计划、合理安排，开展标准化巡视工作。

7.1.2 巡视分类：

（1）定期巡视：由配电网运维人员进行，以掌握配电设备、设施的运行状况、运行环境变化情况为目的，及时发现缺陷和威胁配电网安全运行情况的巡视；

（2）特殊巡视：在有外力破坏（针对可能危及线路安全的建筑、挖沟、堆土、伐树、鸟窝等情况）可能、恶劣气象条件（如大风后、暴雨后、覆冰、高温等）、重要保电任务、运行方式的改变、设备带缺陷运行或其他特殊情况下由运维单位组织对设备进行的全部或部分巡视；

（3）夜间巡视：在负荷高峰或雾天的夜间由运维单位组织进行，主要检查连接点有无过热、打火现象，绝缘子表面有无闪络，设备是否过负荷等的巡视；

（4）故障巡视：由运维单位组织进行，以查明线路发生故障的地点和原因为目的的巡视；

（5）会诊巡视：由运维管理人员组织多部门或专家进行的巡视工作，以故障多发线路或雷击、树线、鸟害、用户影响等较为突出的线路为重点巡视对象，以掌握巡视对象运行状况、运行环境为目的，及时发现缺陷和威胁配电网安全运行情况的巡视。

7.1.3 巡视周期：

（1）定期巡视的周期见表1。根据设备状态评价结果，对该设备的定期巡视周期可动态调整，最多可延长一个定期巡视周期，架空线路通道与电缆线路通道的定期巡视周期不得延长；

（2）定期巡视发现安全隐患，如遇威胁线路运维安全的建筑施工、挖沟、堆土、伐树、违章搭挂通信线、鸟巢等情况，应及时汇报，必要时应增加特殊巡视或夜间巡视；

（3）重负荷和三级污秽及以上地区线路应每年至少进行一次夜间巡视，其余视情况确定（线路污秽分级标准按当地电网污区图确定，污区图无明确认定的，遵照附录 A 的规定进行分级）；

（4）重要线路和故障多发（3 次及以上）线路应每年至少进行一次会诊巡视；

（5）发生故障时，无论重合是否成功，都要进行故障巡视。

表 1　定 期 巡 视 周 期

序号	巡 视 对 象		周　期
1	10kV 架空线路通道（包括导线、电杆、柱上负荷开关、柱上变压器、柱上低压配电箱、线路调压器、柱上无功补偿装置、柱上设备等）		市区及县城区：一个月
			郊区及农村：一个季度
2	0.4kV 架空线路		一个季度
3	10kV 电缆线路通道（直埋、管井、隧道等）		一个月
	10kV 电缆线路及其通道内部		一个季度
4	0.4kV 电缆、通道、设备		半年
5	开关站		未实现自动化功能：一个月
			实现自动化功能：两个月
6	配电室、箱式变电站、环网单元		一个季度
7	配电自动化终端、通信线缆及终端、直流电源		与一次设备相同
8	防雷与接地装置		与一次设备相同

7.1.4　运维人员应随身携带相关资料及常用工具、备件和个人防护用品，如安全帽、手电、手套、相关记录、相机、有害气体检测仪、红外热成像仪、超声波局放检测装置等，运用红外热成像，超声波局部放电检测等带电检测技术，对配电网设备进行带电检测。红外热成像仪与超声波局放检测装置的现场检测方法、工作标准、典型案例分别见附录C《红外热像仪现场检测方法和工作标准》和附录 D《超声波带电检测装置现场检测方法和管理工作标准》。

7.1.5　运维人员在巡视检查线路、设备时，应同时核对命名、编号、标识等。

7.1.6　运维人员应认真填写巡视记录。巡视记录应包括气象条件、巡视人、巡视日期、巡视范围、线路设备名称及发现的缺陷情况、缺陷类别，沿线危及线路设备安全的树木、建（构）筑物和施工情况、存在外力破坏可能的情况、交叉跨越的变动情况以及初步处理意见等。

7.1.7　运维人员在发现危急缺陷时应立即汇报，并协助做好消缺工作；发现影响安全的施工作业情况，应立即开展调查，做好现场宣传、劝阻工作，并书面通知施工单位；巡视发现的问题应及时进行记录、分析、汇总，重大问题应及时向有关部门汇报。

7.1.8　运维单位应进一步加强对于外力破坏、恶劣气象条件情况下的特殊巡视工作，确保配电网安全可靠运行。

7.1.9　定期巡视的主要范围：

（1）架空线路、电缆、光缆的通道及相关设施；

（2）架空线路、电缆及其附属电气设备；

（3）柱上变压器、柱上负荷开关、柱上无功补偿装置、柱上低压配电箱、线路调压器、开关站、环网单元、配电室、箱式变电站等电气设备；

（4）配电自动化终端、通信线缆及终端、直流电源等设备；

（5）架空线路、电缆通道内的树木、违章建筑及悬挂、堆积物，周围的挖沟、取土、修路、开山放炮、固定不牢的彩钢板简易房及其他影响安全运行的施工作业等；

（6）开关站、环网单元、配电室的建（构）筑物和相关辅助设施；

（7）防雷与接地装置；

（8）各类相关的标识标示及相关设施。

7.1.10 特殊巡视的主要范围。

（1）过温、过负荷或负荷有显著增加的线路及设备；

（2）检修或改变运行方式后，重新投入系统运行或新投运的线路及设备；

（3）根据检修或试验情况，有薄弱环节或可能造成缺陷的线路及设备；

（4）存在严重缺陷或缺陷有所发展以及运行中有异常现象的线路及设备；

（5）存在外力破坏可能或在恶劣气象条件下影响安全运行的线路及设备；

（6）重要保电任务期间的线路及设备；

（7）其他电网安全稳定有特殊运行要求的线路及设备。

7.1.11 会诊巡视的主要范围。

7.1.11.1 外力因素管控巡视重点：

（1）线路上有无鸟窝、树枝、铁丝、锡箔纸、塑料布、风筝等异物；

（2）电杆埋深是否符合要求，易被车撞的电杆有无防撞堆及防护标志；

（3）线路是否存在树线距离不满足运行要求现象；

（4）配网运行中设备周边是否有临近外力施工情况；

（5）电杆基础是否存在被洪水冲刷出现倒杆断线的风险；

（6）拉线基础是否松动，距离行车道较近时是否已装设防外力措施；

（7）变台距地高度是否满足要求，是否悬挂"高压危险，禁止攀登"警告牌。

7.1.11.2 用户内部管控巡视重点：

（1）用户内部是否存在施工情况；

（2）用户内部设备否是存在较大缺陷隐患；

（3）用户内部设备防雷装置是否配置完善；

（4）用户内部是否存在搭异物情况。

7.1.11.3 设备隐患排查巡视重点：

（1）绝缘子是否存在裂纹、缺角、脏污等情况；

（2）放电箍位绝缘子绝缘罩、引弧板是否完好；

（3）导线有无断股、灼伤等情况；

（4）隔离开关绝缘件是否缺口、存在裂纹；

（5）变压器是否存在严重漏油情况；

（6）钢筋混凝土电杆是否存在纵向、横向开裂、下沉以及倾斜情况；

（7）拉线是否存在严重腐蚀现象；

（8）跌落式熔断器或刀闸护罩是否完好；

（9）电杆或变台接地线是否存在丢失现象；

（10）电容器是否存在膨胀变形现象。

7.1.11.4 自然因素管控巡视重点：

（1）避雷器外观是否良好，有无破损，上下引线连接是否可靠；

（2）避雷器是否均配置接地引下线，接地引下线有无丢失，被盗现象；

（3）环形外间隙避雷器、环形装置是否发生歪斜；

（4）棒形外间隙避雷器上导线是否打孔；

（5）箝位绝缘子是否加装象鼻间隙；

（6）设备杆是否均装设无间隙氧化锌避雷器；

（7）是否还存在老式阀型避雷器。

7.1.11.5 综合因素管控巡视重点：

全面包含外力因素管控巡视小组、用户内部管控巡视小组、设备隐患排查巡视小组、自然因素管控巡视小组巡视重点。

7.1.12 巡视人员在满足安全规程与确保安全的前提下，应进行维护和简单消缺工作，如清除设备下面生长较高的杂草、蔓藤等工作。

7.1.13 运维单位应按照本规程巡视周期的要求，在生产管理系统（PMS）中进行维护巡视周期，巡视工作完成后应将巡视结果于当日录入生产管理系统（PMS），如有一般缺陷或严重缺陷，则同步编制缺陷记录，并启动缺陷流程。

7.1.14 运维单位应根据本单位设备情况，以站线为单元设立专责人。专责人应全面了解责任站线的设备运行情况及设备缺陷和隐患。

7.1.15 巡视 10kV 设备时，人体与带电导体应大于最小安全距离。10kV 带电设备的绝缘部分禁止触摸。巡视时禁止越过遮栏。

7.1.16 寻找 10kV 设备的接地故障点时应穿绝缘靴。10kV 设备发生接地时，人员对故障点的安全距离是：室内为 4m 以外；室外为 8m 以外。采取安全措施后，不在此限。

7.1.17 在巡视中发现的缺陷应尽快消除，威胁设备安全运行的情况应向上级或有关单位及时汇报，按照缺陷管理要求填写缺陷记录，参见附录 E，并上报。

7.1.18 巡视方法：

7.1.18.1 配电站室巡视应两人进行；有人站的巡视可以一人进行，但只能做巡视工作。经本单位批准允许单独巡视 10kV 设备的人员巡视 10kV 设备时，不得进行其他工作，不得移开或越过遮栏。

7.1.18.2 根据政治任务、负荷、天气、运行方式的改变及设备的安全等情况适当增加巡视次数及安排夜间巡视或特殊巡视，并填写巡视记录。

7.1.18.3 夏冬季高峰负荷时应进行夜间巡视测负荷、红外线测温工作。对于重负荷的开闭站，应增测白天负荷，测负荷后应对测负荷情况进行分析对比，并存档。

7.1.18.4 在设备发生故障时应进行故障巡视，寻找发生故障的原因，对发现的可能情况应进行详细记录，故障物件能取回的应取回，并利用摄像、电子拍照等方式取得故障现场的录像或电子照片。

7.1.18.5 进行通道巡视时，应主动了解周边施工情况，掌握其对通道有无影响。

7.1.18.6 在进入隧道、工作井等有限空间时，应按照京电安〔2014〕25 号《国网北京市电力公司有限空间作业安全工作规定》和《电缆及通道运维补充管理规定》要求执行。

7.1.18.7 恶劣天气巡视时应两人巡视，并有应急通信措施。

7.2 架空线路的巡视

7.2.1 通道的巡视：

（1）线路保防护区内有无易燃、易爆物品和腐蚀性液（气）体；

（2）导线对地，对道路、公路、铁路、索道、河流、建筑物等的距离应符合附录 B 的相关规定，有无可能触及导线的铁烟囱、天线、路灯等；

（3）导线下方是否有鱼塘、水塘；

（4）有无存在可能被风刮起危及线路安全的物体（如金属薄膜、广告牌、风筝、固定不牢的彩钢板简易房等）；

（5）线路附近的爆破工程有无爆破手续，其安全措施是否妥当；

（6）保防护区内栽植的树木情况及导线与树木的距离是否符合规定，线下栽植树木是否为低矮树种，有无蔓藤类植物附生威胁安全；

（7）是否存在对线路安全构成威胁的工程设施（如施工机械、脚手架、拉线、开挖、地下采掘、打桩等）；

（8）是否存在电力设施被擅自移作他用的现象；

（9）线路附近出现的高大机械、揽风索及可移动的设施等；

（10）线路附近的污染源情况；

（11）线路附近河道、冲沟、山坡的变化，巡视、检修时使用的道路、桥梁是否损坏，是否存在河流泛滥及山洪、泥石流对线路的影响；

（12）线路附近修建的道路、码头，堆放的货物等；

（13）线路附近有无射击、放风筝、抛扔杂物、飘洒金属和在杆塔、拉线上拴牲畜等；

（14）是否存在在建、已建违反《电力设施保护条例》及《电力设施保护条例实施细则》的建筑和构筑物；

（15）通道内有无未经批准擅自搭挂的弱电线路；

（16）其他可能影响线路安全的情况。

7.2.2 杆塔和基础的巡视：

（1）电杆是否倾斜、下沉、上拔，杆基有无损坏，周围土壤有无挖掘、冲刷或沉陷，电杆埋深是否符合要求转角杆不应向内角倾斜，终端杆不应向导线侧倾斜，向拉线侧倾斜应小于 0.2m；

（2）钢筋混凝土电杆有无裂缝、酥松、露筋、冻鼓，钢圈接头有无开裂、锈蚀，法兰盘螺栓是否松动、丢失，木杆有无糟杇、鸟洞、开裂、烧焦，帮桩有无松动，钢杆（铁塔）构件有无弯曲、锈蚀，螺栓有无松动，钢杆地脚螺栓有无保护帽、是否高出地面；

（3）杆塔有无被水淹、水冲的可能，防洪设施有无损坏、坍塌；

（4）杆塔位置是否合适、有无被车撞的可能，保护设施是否完好，警示标示是否清晰；

（5）杆塔标识，如杆号牌、警告牌等是否齐全、清晰明显、规范统一、位置合适、安装牢固；

（6）各部螺丝应紧固，杆塔部件的固定处是否缺螺栓或螺母，螺栓是否松动等；

（7）杆塔周围有无藤蔓类攀岩植物和其他附着物，有无危及安全的鸟巢、风筝及杂物；

（8）杆搭上有无未经批准搭挂设施或非同一电源的低压配电线路；

（9）基础保护帽上部塔材有无被埋入土或废弃物堆中，塔材有无锈蚀、缺失。

7.2.3 横担、金具、绝缘子的巡视：

（1）铁横担与金具有无严重锈蚀、变形、磨损、起皮或出现严重麻点，锈蚀表面积不应超过 1/2，特别要注意检查金具经常活动、转动的部位和绝缘子串悬挂点的金具；

（2）横担上下倾斜、左右偏斜不应大于横担长度的 2%；

（3）螺栓是否紧固，有无缺螺帽、销子，开口销及弹簧销有无锈蚀、断裂、脱落；

（4）瓷质绝缘子有无损伤、裂纹和闪络痕迹，釉面剥落面积不应大于 100mm^2；

（5）铁脚、铁帽有无锈蚀、松动、弯曲偏斜；

（6）瓷横担、瓷顶担是否偏斜；

（7）绝缘子钢脚有无弯曲，铁件有无严重锈蚀，绝缘子是否歪斜；

（8）在同一绝缘等级内，绝缘子装设是否保持一致；

（9）放电箝位绝缘子绝缘罩是否完好；

（10）预绞丝有无滑动、断股或烧伤，防振锤有无移位、脱落、偏斜；

（11）驱鸟装置、故障指示器工作是否正常。

7.2.4 导线的巡视：

（1）导线有无断股、损伤、烧伤、腐蚀的痕迹，绑扎线有无脱落、开裂，连接线夹螺栓应紧固、无跑线现象，7 股导线中任一股损伤深度不得超过该股导线直径的 1/2，19 股及以上导线任一处的损伤不得超过 3 股；

（2）导线三相弛度是否平衡，有无过紧、过松现象，三相导线弛度误差不得超过设计值的－5%或＋10%，一般档距内弛度相差不宜超过 50mm；

（3）导线连接部位是否良好，有无过热变色和严重腐蚀，连接线夹是否缺失；

（4）弓子线、引线有无损伤、断股、弯扭；

（5）导线的线间距离，弓子线、引下线与邻相的弓子线、引下线、导线之间的净空距离以及导线与拉线、电杆或构件的距离应符合附录 E 的规定；

（6）导线上有无抛扔物；

（7）架空绝缘导线有无过热、变形、起泡现象；

（8）支持绝缘子绑扎线有无松弛和开断现象；

（9）与绝缘导线直接接触的金具绝缘罩是否齐全、有无开裂、发热变色、变形，绝缘包缠带是否龟裂、脱落，接地环设置是否满足要求；

（10）线夹、压接管上有无锈蚀或过热现象（如接头变色、熔化痕迹等），连接线夹弹簧垫是否齐全，螺栓是否紧固；

（11）过引线有无损伤、断股、松股、歪扭，与杆塔、构件及其他引线间距离是否符合规定；

（12）光纤电缆固定是否可靠，余缆架固定是否稳固。

7.2.5 拉线的巡视：

（1）拉线有无断股、松弛、严重锈蚀和张力分配不匀的现象，拉线的受力角度是否适当，当一基电杆上装设多条拉线时，各条拉线的受力应一致，拉线尾线是否松散、翘起；

（2）跨越道路的水平拉线，对路边缘的垂直距离不应小于 6m，跨越电车行车线的水平拉线，对路面的垂直距离不应小于 9m；

（3）拉线棒有无严重锈蚀、变形、损伤及上拔现象，必要时应作局部开挖检查；

（4）拉线基础是否牢固，周围土壤有无突起、沉陷、缺土等现象；

（5）拉线绝缘子是否破损或缺少，对地距离是否符合要求；

（6）拉线不应设在妨碍交通（行人、车辆）或易被车撞的地方，无法避免时应设有明显警示标示或采取其他保护措施，非绝缘拉线应加设拉线绝缘子；

（7）拉线杆是否损坏、开裂、起弓、拉直；

（8）拉线的抱箍、拉线棒、UT 型线夹、楔型线夹等金具铁件有无变形、锈蚀、松动或丢失现象；

（9）戗杆、拉线桩、保护桩（墩）等有无损坏、开裂等现象；

（10）拉线的 UT 型线夹有无被埋入土或废弃物堆中；

（11）因环境变化，拉线是否妨碍交通。

7.2.6 低压接户线的巡视：

7.2.6.1 低压接户线应采用铜芯交联聚乙烯绝缘线，小截面可采用铜芯交联聚乙烯平行绝缘线。其截面积应根据计算负荷确定，最小截面积：农村不应小于 4mm²，城镇不应小于 6mm²；低压三相四线制的接户线，相线、中性线截面积应相同。中性线在进户处应有可靠的重复接地，接地电阻不宜大于 10Ω。

7.2.6.2 低压接户线的线间距离不宜小于 0.2m；低压接户线受电端对地距离不得小于 3m。

7.2.6.3 低压接户线至路面中心的垂直距离，不应小于下列数值：通车街道为 6m；通车困难的街道、胡同、人行道为 3.5m。

7.2.6.4 低压接户线与建筑物有关部分的距离，不应小于下列数值：

（1）与接户线下方窗户的垂直距离为 0.3m；

（2）与接户线上方阳台或窗户的垂直距离为 0.8m；

（3）与阳台或窗户的水平距离为 0.75m；

（4）与墙壁、构架的距离为 0.05m。

7.2.6.5 低压接户线与弱电线路的交叉距离，不应小于下列数值：

（1）低压接户线在弱电线路的上方为 0.6m；

（2）低压接户线在弱电线路的下方为 0.3m。

如不能满足上述要求，应采取有效隔离措施。

7.2.6.6 不同金属、不同规格、不同绞向的接户线，严禁在档距内连接。跨越通车街道的接户线，不应有接头。低压接户线严禁跨越铁路。变台主杆不应接引接户线。除专用变台外，不得从变台副杆上引下接户线。自电杆上引下的低压接户线，应使用蝶式绝缘子或绝缘悬挂线夹固定，不宜缠绕在低压针式绝缘子瓶颈或导线上。一根电杆上有两户及以上接户线时，各户接户线的中性线应直接接在线路的主干线中性线上（或独立接户线夹上）。

7.2.6.7 接户线有无树线矛盾、落物、蹭房檐等外力隐患；第一支持物是否完好。

7.2.6.8 接户线用户侧是否断开，接头有无虚接、过火现象。

7.2.6.9 使用吊索的接户线，缆吊件是否完好，吊索有无松弛、断股，两端固定支持物是否完好。

7.3 电力电缆线路的巡视

7.3.1 通道巡视的主要内容：

（1）路径周边是否有管道穿越、开挖、打桩、钻探等施工，检查路径沿线各种标识标示是否齐全；

（2）通道内是否存在沉降、土壤流失，造成排管包封、工作井等局部点暴露或者导致工作井、沟体下沉、盖板倾斜；

（3）通道上方是否修建建（构）筑物，是否堆置可燃物、杂物、重物、腐蚀物等，是否种有树木；

（4）通道内是否有热力管道或易燃易爆管道泄漏现象；

（5）盖板是否齐全完整、排列紧密，有无破损；

（6）盖板是否压在电缆本体、接头或者配套辅助设施上；

（7）盖板是否影响行人、过往车辆安全；

（8）隧道进出口设施是否完好，巡视和检修通道是否畅通，沿线通风口是否完好；

（9）电缆桥架是否存在损坏、锈蚀现象，是否出现倾斜、基础下沉、覆土流失等现象，桥架与过渡工作井之间是否产生裂缝和错位现象；

（10）水底电缆管道保护区内是否有挖砂、钻探、打桩、抛锚、拖锚、底拖捕捞、张网、养殖或者其他可能破坏水底电缆管道安全的水上作业；

（11）临近河（湖）岸两侧是否有受潮水冲刷的现象，电缆盖板是否露出水面或移位，河岸两端的警告标示是否完好；

（12）电缆工作井盖是否丢失、破损、被掩埋。

7.3.2 电缆管沟、隧道内部及设备基础巡视的主要内容：

（1）结构本体有无形变，支架、爬梯、楼梯等附属设施及标识标示是否完好；

（2）结构内部是否存在火灾、坍塌、盗窃、积水等隐患；

（3）结构内部是否存在温度超标、通风不良、杂物堆积等缺陷，缆线孔洞的封堵是否完好；

（4）电缆固定金具是否齐全，隧道内接地箱、交叉互联箱的固定、外观情况是否良好；

（5）机械通风、照明、排水、消防、通信、监控、测温等系统或设备是否运行正常，是否存在隐患和缺陷；

（6）测量并记录氧气和可燃、有害气体的成分和含量；

（7）保护区内是否存在未经批准的穿管施工；

（8）电缆井是否有积水、杂物现象；

（9）光纤通信线缆固定是否符合要求。

7.3.3 电缆本体巡视的主要内容：

（1）电缆是否变形，表面温度是否过高；

（2）电缆线路的标识标示是否齐全、清晰、正确；

（3）电缆线路排列是否整齐规范，是否按电压等级的高低从下向上分层排列，通信光缆与电力电缆同沟时是否采取有效的隔离措施；

（4）电缆线路防火措施是否完备；

（5）外护套有无损伤；

（6）固定是否符合规范，有无硌电缆、悬吊不牢、卡抱无效等问题；

（7）有无挤压情况；

（8）有无不满足弯曲半径的弯曲情况；

（9）电缆上杆部分保护管及其封口是否完整。

7.3.4 电缆终端头巡视的主要内容：

（1）连接部位是否良好，有无过热现象，相间及对地距离是否符合要求；

（2）电缆终端头和支持绝缘子的瓷件或硅橡胶伞裙套有无脏污、损伤、裂纹和闪络痕迹；

（3）电缆终端头和避雷器固定是否出现松动、锈蚀等现象；

（4）电缆终端头有无放电现象；

（5）电缆终端头是否完整，有无渗漏油，有无开裂、积灰、电蚀或放电痕迹；

（6）电缆终端头是否有不满足安全距离的异物，是否有倾斜现象，弓子线不应过紧；

（7）标识标示（接头牌）是否清晰齐全正确；

（8）接地是否良好。

7.3.5 电缆中间接头巡视的主要内容：

（1）外部是否有明显损伤及变形；

（2）密封是否良好；

（3）有无过热变色、变形等现象；

（4）底座支架是否锈蚀、损坏，支架是否存在偏移情况；

（5）防火阻燃措施是否完好；

（6）铠装或其他防外力破坏的措施是否完好；

（7）是否被水浸泡；

（8）标识、标示（接头牌）是否清晰、齐全、正确。

7.3.6 低压Π接箱的主要巡视内容：

（1）壳体是否锈蚀、损坏，外壳油漆是否剥落，内装式铰链门开合是否灵活；

（2）电缆搭头接触是否良好，有无发热、氧化、变色等现象，电缆搭头相间和对壳体、地面距离是否符合要求；

（3）箱体内电缆进出线标识是否齐全，与对侧端标识是否对应；

（4）有无异常声音或气味；

（5）接地线、零线是否齐全，有无损伤、丢失情况；

（6）箱体内隔离开关（刀熔开关）是否良好；

（7）标识、标示等是否清晰、正确。

7.3.7 电缆温度的检测：

（1）多条并联运行的电缆以及电缆线路靠近热力管或其他热源、电缆排列密集处，应进行土壤温度和电缆表面温度监视测量，以防电缆过热；

（2）测量电缆的温度，应在夏季或电缆最大负荷时进行；

（3）测量直埋电缆温度时，应测量同地段的土壤温度，测量土壤温度的热偶温度计的装置点与电缆间的距离不应小于3m，离土壤测量点3m半径范围内应无其他热源；

（4）电缆同地下热力管交叉或接近敷设时，电缆周围的土壤温度在任何时候不应超过本地段其他地方同样深度的土壤温度10℃以上；

（5）采用热成像仪进行温度测量。

7.4 柱上开关设备的巡视

7.4.1 负荷开关（含用户分界负荷开关）、重合器及自动化设备的巡视：

（1）外壳有无锈蚀现象；

（2）套管有无破损、裂纹和严重污染或放电闪络的痕迹；

（3）开关的固定是否牢固、是否下倾，支架是否歪斜、松动，引线接头和接地是否良好，线间和对地距离是否满足要求；

（4）各个电气连接点连接是否可靠，铜铝过渡是否可靠，有无锈蚀、过热和烧损现象；

（5）开关的编号，分、合和储能位置指示，警示标示等是否完好、正确、清晰；

（6）自动化终端设备与一次设备连接电缆安装是否牢固，指示灯显示状态是否异常。

7.4.2 隔离开关、封闭型喷射式及跌落式熔断器的巡视：

（1）瓷绝缘件有无裂纹、闪络、破损及严重污秽；

（2）封闭型喷射式熔断器底部是否有熔管脱落现象，跌落式熔断器熔丝管有无弯曲、变形；

（3）触头间接触是否良好，有无过热、烧损、熔化现象；

（4）各部件的组装是否良好，有无松动、脱落；

（5）引下线接头是否良好，与各部件间距是否合适；

（6）安装是否牢固，相间距离、倾角是否符合规定；

（7）操动机构有无锈蚀现象。

7.5 环网单元的巡视

7.5.1 电缆分支箱、电缆分界箱、开闭器的巡视：

（1）基础有无损坏、下沉，周围土壤有无挖掘或沉陷，电缆有无外露，螺栓是否松动；

（2）箱内有无进水、凝露，有无小动物、杂物、灰尘；

（3）电缆洞封口是否严密，箱内底部填沙与基座是否齐平；

（4）壳体是否锈蚀、损坏，外壳油漆是否剥落，内装式铰链门开合是否灵活；

（5）电缆终端接触是否良好，有无发热、氧化、变色等现象，电缆终端相间和对壳体、地面距离是否符合要求；

（6）箱体内电缆进出线标识是否齐全，与对侧端标识是否对应；

（7）箱体内温度是否正常，有无异常声音或气味；

（8）箱体内设备带电显示器及自动化终端设备状态运行是否良好、气压指示是否正常；

（9）标识标示、一次接线图等是否清晰、正确；

（10）箱体周围有无杂物，有无可能威胁设备安全运行的杂草、藤蔓类植物等；

（11）检修通道是否畅通、是否影响检修车辆通行；

（12）基础内有无进水，电缆洞封口是否严密；

（13）箱体内常用工器具完好齐备、摆放整齐，除湿、通风设施是否完好。

7.5.2 环网柜的巡视：

（1）断路器分、合闸位置是否正确，与实际运行方式是否相符，控制手把与指示灯位置对应，SF_6断路器气体压力是否正常；

（2）开关防误闭锁是否完好，柜门关闭是否正常，油漆有无剥落；

（3）设备的各部件连接点接触是否良好，有无放电声，有无过热变色、烧熔现象，示温片是否熔化脱落；

（4）设备有无凝露，加热器或除湿装置是否处于良好状态；

（5）接地装置是否良好，有无严重锈蚀、损坏；

（6）母线排有无变色变形现象，绝缘件有无裂纹、损伤、放电痕迹；

（7）带电显示器、故障指示器、SF_6气压表等仪表、保护装置、信号装置及自动化终端设备状态是否正常；

（8）铭牌及各种标识是否齐全、清晰；

（9）模拟图板或一次接线图与现场是否一致。

7.6 开关柜、配电柜的巡视

开关柜、配电柜的巡视包括：

（1）断路器分、合闸位置是否正确，与实际运行方式是否相符，控制把手与指示灯位置对应，SF_6断路器气体压力是否正常；

（2）开关防误闭锁是否完好，柜门关闭是否正常，油漆有无剥落；

（3）设备的各部件连接点接触是否良好，有无放电声，有无过热变色、烧熔现象，示温片是否熔化脱落；

（4）开关柜内电缆终端是否接触良好，电缆终端相间和对地距离是否符合要求；

（5）设备有无凝露，加热器或除湿装置是否处于良好状态；

（6）接地装置是否良好，有无严重锈蚀、损坏；

（7）母线排有无变色变形现象，绝缘件有无裂纹、损伤、放电痕迹；

（8）各种仪表、保护装置、信号装置及自动化终端设备状态是否正常，保护压板位置是否正确；

（9）铭牌及各种标识是否齐全、清晰；

（10）模拟图板或一次接线图与现场是否一致。

7.7 配电变压器的巡视

7.7.1 柱上变压器的巡视：

（1）部件接头接触是否良好，有无过热变色、烧熔现象；

（2）变压器套管是否清洁，有无裂纹、击穿、烧损和严重污秽，瓷套裙边损伤面积不应超过 $100mm^2$；肘型头与变压器套管插合是否严实；

（3）10kV 互绞引线绞合是否自然，外绝缘有无破损，连接部位是否良好，有无过热、放电现象；防水冷缩头硅橡胶伞裙套有无脏污、损伤、裂纹和闪络痕迹；保护管及其封口是否完整；

（4）各部位密封圈（垫）有无老化、开裂，缝隙有无渗、漏油现象，配电变压器外壳有无脱漆、锈蚀，焊口有无裂纹、渗油；

（5）变压器外壳是否接地，接地线是否完好；

（6）有载调压配电变压器分接开关指示位置是否正确；

（7）变压器油位、油色是否正常，有无渗漏油、异味；呼吸器是否正常、有无堵塞，硅胶有无变色现象，如有绝缘罩应检查是否齐全完好；

（8）变压器有无异常的声音，是否存在重负荷、偏负荷现象；

（9）各种标识是否齐全、清晰，铭牌及其警告牌和编号等其他标识是否完好；

（10）变压器台架及熔断器架对地距离是否符合规定，有无锈蚀、倾斜、下沉，砖石结构台架有无裂缝和倒塌的可能；

（11）变压器的围栏是否完好；

（12）引线是否松弛，绝缘层是否良好，相间或对构件的距离是否符合规定，对工作人员有无触电危险；

（13）变压器上有无搭落金属丝、树枝等，有无藤蔓类植物附生。

（14）变压器一、二次熔丝码放是否正确参照附录 F 的规定。

7.7.2 站室变压器：

（1）变压器各部件接点接触是否良好，有无过热变色、烧熔现象，示温片是否熔化脱落；

（2）变压器套管是否清洁，有无裂纹、击穿、烧损和严重污秽，瓷套裙边损伤面积不应超过 $100mm^2$；

（3）油浸式变压器油温、油色、油面是否正常，有无异声、异味，在正常情况下，上层油温不超过 85℃，最高不得超过 95℃，干式变压器不得超过 110℃；

（4）各部位密封圈（垫）有无老化、开裂，缝隙有无渗、漏油现象，配电变压器外壳有无脱漆、锈蚀，焊口有无裂纹、渗油；

（5）有载调压配电变压器分接开关指示位置是否正确；

（6）呼吸器是否正常、有无堵塞，硅胶有无变色现象，如有绝缘罩应检查是否齐全完好，全密封变压器的压力释放装置是否完好；

（7）变压器有无异常的声音，是否存在重负荷、过负荷现象；

（8）各种标识是否齐全、清晰，铭牌及其警告牌和编号等其他标识是否完好；

（9）变压器台架高度是否符合规定，有无锈蚀、倾斜、下沉；

（10）变压器围栏是否完好；

（11）引线是否松弛，绝缘是否良好，相间或对构件的距离是否符合规定，对工作人员有无触电危险；

（12）温度控制器（如有）显示是否异常，巡视中应对温控装置进行自动和手动切换，观察风扇启停是否正常等。

7.8 柱上低压配电箱及无功补偿装置的巡视

柱上低压配电箱及无功补偿装置的巡视包括：

（1）绝缘件有无闪络、裂纹、破损和严重脏污；

（2）进出电缆是否龟裂、老化、破损；

（3）低压配电箱外壳有无锈蚀、损坏；

（4）无功补偿装置箱体外壳有无变形、锈蚀，电容器有无渗漏液、膨胀；

（5）检查引线接头及箱体接地是否连接良好；

（6）带电导体与各部件的间距是否合适；

（7）无功补偿装置是否正确投切。

7.9 柱上变台低压配电综控箱的巡视

柱上变台低压配电综控箱的巡视包括：

（1）柱上变台低压配电综控箱巡视工作须两人进行，一人监护、一人蹬杆检查；

（2）低压配电综控箱外壳及锁具有无碎裂、损坏，箱内是否清洁、有无凝露；

（3）安装金具有无锈蚀、变形；

（4）绝缘件有无闪络、裂纹、破损和严重脏污；

（5）进出电缆是否龟裂、老化、破损，进出箱体封堵是否严密；

（6）电容器外壳有无变形、锈蚀；有无渗漏液、膨胀，是否正确投切；

（7）检查引线接头及工作接地是否连接良好；

（8）带电导体与各部件的间距是否合适；

（9）开关有无过火、变形、开裂，条形开关内熔断器安装是否到位；

（10）带电导体与各部件的间距是否合适；

（11）自动化终端设备及通信终端指示灯是否正常。

7.10　建（构）筑物及附属设施的巡视

建（构）筑物及附属设施的巡视包括：

（1）建筑物内及周围有无杂物堆放，室内是否清洁等；

（2）建筑物的门、窗、钢网有无损坏，房屋、设备基础有无下沉、开裂，屋顶、夹层有无漏水、积水，沿沟有无堵塞；

（3）户外环网单元、箱式变电站等设备的箱体有无锈蚀、变形；

（4）电缆盖板、夹层爬梯有无破损、松动、缺失，进出管沟封堵是否良好，防小动物设施是否完好；

（5）进出通道及吊装口是否畅通，室内温度、湿度是否正常，有无异声、异味；

（6）室内消防、照明设备、常用工器具是否完好齐备、摆放整齐，除湿、通风、排水设施是否完好；

（7）标识标示、一次接线图等是否清晰、正确。

7.11　防雷和接地装置的巡视

防雷和接地装置的巡视包括：

（1）避雷器本体及绝缘罩外观有无破损、开裂，有无闪络痕迹，表面是否脏污；

（2）避雷器上、下引线连接是否良好，引线与构架、导线的距离是否符合规定；

（3）避雷器支架是否歪斜，铁件有无锈蚀，固定是否牢固；

（4）带脱离装置的避雷器是否已动作；

（5）间隙避雷器与导线间隙距离是否符合要求；

（6）防雷金具等保护间隙有无烧损、锈蚀或被外物短接，间隙距离是否符合规定；

（7）接地线和接地体的连接是否可靠，接地线是否丢失，接地线绝缘护套是否破损，接地体有无外露、严重锈蚀，在埋设范围内有无土方工程；

（8）设备外壳和架构应接地良好。

7.12　配电自动化终端设备的巡视

配电自动化终端设备日常巡视原则上与一次设备巡视周期一致，可结合同步进行，相关巡视、检查工作内容应记入配电自动化工作日志及相关系统。如遇到设备运行状况异常、恶劣天气、重要保电任务等情况，根据需要及公司相关规定开展配电自动化终端设备的特殊巡视。

7.12.1　DTU 装置的巡视：

（1）检查 DTU 装置外观是否存在破损、凝露等现象；

（2）检查 DTU 装置运行指示灯是否正常，检查通信板、CPU 板、电源板等板件故障指示灯是否亮，检查 DTU 装置电源输入、输出空开是否投入；

（3）检查远方/当地手把是否在远方位置；

（4）检查分合闸压板是否投入，压板是否紧固；

（5）检查 DTU 装置各种标识的完整性，包括遥控压板、远方/当地手把、指示灯对照表等。

7.12.2 保护管理机的巡视：

（1）检查保护管理机是否存在破损、凝露等现象；

（2）检查保护管理机是否正常工作；

（3）检查保护管理机故障告警灯是否亮。

7.12.3 FTU 装置的巡视：

（1）检查 FTU、TV 外观情况，是否存在破损，固定是否牢固；

（2）检查 TV 的跌落保险器是否正常；

（3）检查 FTU 与一次设备连接电缆安装是否牢固，检查 FTU 故障指示灯显示状态是否异常；

（4）检查 FTU 操作手柄是否在正常位置；

（5）检查 FTU 接地线是否牢固可靠。

7.12.4 TTU 装置的巡视：

（1）检查 TTU、天线外观情况，是否存在破损，固定是否牢固；

（2）检查 TTU 液晶屏是否可以正常点亮，显示是否正常；

（3）检查面板上是否存在未复归的告警灯。

7.13 通信设备巡视

通信设备日常巡视原则上与一次设备巡视周期一致，可结合同步进行，相关巡视、检查工作内容应记入通信工作日志及相关系统。如遇到设备运行状况异常、恶劣天气、重要保电任务等情况，根据需要及公司相关规定开展通信设备的特殊巡视。

7.13.1 EPON 设备、交换机的巡视：

（1）检查设备通风、散热等运行环境是否良好；

（2）检查柜内布线是否整齐、美观，线缆标签是否齐全；

（3）检查指示灯是否正常，有无告警信号。

7.13.2 无线模块的巡视：

（1）检查无线通信模块外观情况，是否存在破损，固定是否牢固；

（2）检查无线通信模块运行指示灯是否指示为在线状态；

（3）现场无线通信模块通信线走线规范，接触良好；

（4）使用移动电话确认现场有无无线通信信号；

（5）检查无线通信模块上是否标示终端地址等关键配置信息。

7.13.3 光缆及通道的巡视：

（1）电力隧道及光缆的巡视：

1）检查光缆挂牌是否清晰、无缺失、松脱；

2）检查接头盒及光缆余长是否可顺利被拿至工作位置，未被电缆等重物挤压。

（2）通信架空杆路及光缆的巡视：

1）检查架空杆路周边环境是否良好；

2）进行光缆线路金具是否牢固，有无严重锈蚀；

3）检查线路光缆垂度、光缆 PE 外护层、自乘钢绞线护层等是否有明显异常。

（3）通信埋式光缆的巡视：

1）检查光缆线路周边环境有无在线路标桩上拴牲畜、线路上方有无积水坑、在线路附近有无可能影响线路运行安全的施工项目现象等；

2）检查线路标桩有无遗缺或丢失。

7.14 其他设备的巡视

7.14.1 直流屏的巡视：

（1）蓄电池是否渗液、老化、鼓肚；

（2）箱体有无锈蚀及渗漏；

（3）检查蓄电池电压是否正常，浮充电流是否正常；

（4）检查直流电源箱、直流屏各项指示灯信号是否正常，开关位置是否正确，液晶屏显是否正常；

（5）绝缘监察装置运行是否正常，有无直流接地现象。

7.14.2 配电自动化设备电池的巡视：

（1）蓄电池是否渗液、老化、鼓肚；

（2）箱体有无锈蚀及渗漏。

7.14.3 电力通道（10kV 电力杆塔、管井通道）通信线缆搭挂及敷设情况的巡视

在巡视电力设备本体过程中，应同时巡视电力通道通信线缆搭挂及敷设情况，发现缺陷后按照电力设备本体缺陷流程进行 PMS 缺陷记录、处理和报告，及时处理电力通道因通信线缆搭挂形成的危及设备本体与周边环境的缺陷和隐患，确保电力通道安全、规范运行，不发生影响电力设施本体与周边环境的事故。

8 配电网防护

8.1 一般要求

8.1.1 运维单位应根据国家电力设施保护相关法律法规及公司有关规定，结合本单位实际情况，制定配电线路防护措施。

8.1.2 运维单位应加强与政府规划、市政等有关部门的沟通，及时收集本地区的规划建设、施工等信息，及时掌握外部环境的动态情况与线路通道内的施工情况，全面掌控其施工状态。

8.1.3 运维单位应加大防护宣传，提高公民保护电力设施重要性的认识，必要时组织召开防外力破坏工作宣传会，防止各类外力破坏，及时发现并消除缺陷和隐患。

8.1.4 对经同意在线路保护范围内施工的，运维单位应严格审查施工方案，严格审批施工电源接入方案，制定安全防护措施，并与施工单位签订保护协议书，明确双方职责；施工前应对施工方进行交底，包括路径走向、架设高度、埋设深度、保护设施等；施工期间应安排运维人员到现场检查防护措施，必要时进行现场监护，确保施工单位不擅自更改施工范围。

8.1.5 对邻近线路保护范围内的施工，运维人员应对施工方进行安全交底（如线路路径走向、电缆埋设深度、保护设施等），并按不同电压等级要求，提出相应的保护措施。

8.1.6 对未经同意在线路保护范围内进行的违章施工、搭建、开挖等违反《电力设施保护条例》和其他可能威胁电网安全运行的行为，运维单位应立即进行劝阻、制止，及时对施工现场进行拍照记录，发送防护通知书，必要时应现场监护并向运维管理部门报告。

8.1.7 当线路发生外力破坏时，应保护现场，留取原始资料，及时向有关管理部门汇报，对于造成电力设施损坏或事故的，应尽快恢复供电，并按有关规定索赔或提请公安、司法机关依法处理。

8.1.8 运维单位应定期对外力破坏防护工作进行总结分析，制定相应防范措施。

8.1.9 运维单位应加强与架空线路、电力电缆同路径敷设的光纤通信电缆的防护，加强自动化及通信终端的防护。

8.2 架空线路的防护

8.2.1 架空线路的防护区是为了保证线路的安全运行和保障人民生活的正常供电而设置的安全区域，即导线两边线向外侧各水平延伸 5m 并垂直于地面所形成的两平行面内；在厂矿、城镇等人口密集地区，架空电力线路防护区的区域可略小于上述规定，但各级电压导线边线延伸的距离，不应小于导线边线在最大计算弧垂及最大计算风偏后的水平距离和风偏后距建筑物的安全距离之和。

8.2.2 运维单位需清除可能影响供电安全的物体时，如修剪树枝、砍伐树木及清理构筑物等，应按有关规定和程序进行；修剪树木，应保证在修剪周期内树枝与导线的距离符合附录 E 规定的数值。

8.2.3 运维单位的工作人员对下列事项可先行处理，但事先应留影像资料取证，事后应及时通知有关单位。

（1）为避免触电人身伤害及消除有可能造成严重后果的危急缺陷所采取的必要措施；

（2）为处理电力线路事故，砍伐林区个别树木；

（3）消除影响供电安全的铁烟囱、脚手架或其他凸出物等。

8.2.4 在线路防护区内应按规定开辟线路通道，对新建线路和原有线路开辟的通道应严格按规定验收。

8.2.5 当线路跨越通航河流、公路、铁路时，应采取措施，设立标志，防止碰线。

8.2.6 在以下区域应按规定设置明显的警示标志及防护措施。

（1）架空电力线路穿越人口密集、人员活动频繁的地区；

（2）车辆、机械频繁穿越架空电力线路的地段；

（3）电力线路上的变压器平台；

（4）临近道路的电杆和拉线；

（5）电力线路附近的鱼塘；

（6）杆塔脚钉、爬梯等。

8.2.7 在防护区内经过允许的施工工地开工前，运维单位应及时与施工单位签订电力线路（含光纤线路）保护协议。审核施工单位的保护方案，方案落实并通过运维单位验收合格后，施工单位方可开展工作。

8.2.8 在架空线路防护区内施工的单位搭设安装防护架、防护网应在运维人员现场监督下进行；使用吊车的工地，还须在保护架顶端架设警示灯；搭设的防护架应有相应的防火措施，防护架对电力设施的安全距离应满足附录 E 中相关要求。

8.2.9 架空线路防护区内严禁进行开槽、开挖建筑基础等大型土建工作。

8.3 电力电缆线路的防护

8.3.1 运维单位应积极参加市政道路、管线改扩建和修缮的协调会议，定期通过政府相关信息平台，关注施工动态，掌握市政道路、通信、水、气等管线施工情况；在工地开工前运维单位应及时与施工单位签订电缆（含光纤电缆）保护协议；审核施工单位的电缆线路保护方案，方案落实并通过运维单位验收合格后施工单位方可开展土建工作。

8.3.2 电力电缆线路保护区：地下电缆为电缆线路地面标桩两侧各 0.75m 所形成的两平行线内的区域，保护区的宽度应在地下电缆线路地面标识桩（牌、砖）中注明；水下电缆一般不小于线路两侧各 50m 所形成的两平行线内的水域。

8.3.3 不得在电缆沟、隧道内同时埋设其他管道，不得在电缆通道附近和电缆通道保护区内从事下列行为：

（1）在 0.75m 保护区内种植树木、堆放杂物、兴建建（构）筑物；

（2）电缆通道两侧各 2m 内机械施工；

（3）电缆通道两侧各 50m 以内，倾倒酸、碱、盐及其他有害化学物品；

（4）在水底电力电缆保护区内抛锚、拖锚、炸鱼、挖掘。

8.3.4 电缆通道应保持整洁、畅通，消除各类火灾隐患，通道沿线及其内部不得积存易燃、易爆物。

8.3.5 电缆通道临近易燃或腐蚀性介质的存储容器、输送管道时，应加强监视，及时发现渗漏情况，防止电缆损害或导致火灾；对穿越电缆通道的易燃、易爆等管道应采取防火隔板或预制水泥板做好隔离措施，防止可燃物经土壤渗入管沟。

8.3.6 临近电缆通道的基坑开挖工程，要求建设单位做好电力设施专项保护方案，防止土方松动、坍塌引起沟体损伤，原则上不应涉及电缆保护区。若为开挖深度超过 5m 的深基坑工程，应在基坑围护方案中增加电缆专项保护方案，并通过专家论证。

8.3.7 市政管线、道路施工涉及非开挖电力管线时，要求建设单位邀请具备资质的探测单位做好管线探测工作，且召开专题会议讨论确定实施方案。

8.3.8 因施工挖掘而暴露的电缆，应由运维人员在场监护，并告知施工人员有关施工注意事项和保护措施。对于被挖掘而暴露的电缆应加装保护罩，需要悬吊时，悬吊间距应不大于1.5m，悬吊应采用专用抱箍、U 型环和铁链，且满足承重要求。工程结束覆土前，运维人员应检查电缆及相关设施是否完好，安放位置是否正确，待恢复原状后，方可离开现场。

8.3.9 运维人员应监视电缆通道结构、周围土层和临近建（构）筑物等的稳定性，发现异常应及时通知相关管理部门，并监督处理情况；发现电缆部件被盗、电缆工作井盖板缺失等危及电缆线路安全运行的情况时，应设置临时防护措施并向有关部门报告，并跟踪处置过程。

8.3.10 水底电缆防护区域内，船只不得抛锚，并按船只往来频繁情况，必要时设置瞭望岗哨，配置能引起船只注意的设施；在水底电缆线路防护区域内发生违反航行规定的事件，应通知水域管辖的有关部门。

8.3.11 电缆路径上应设立明显的警示标志，对可能发生外力破坏的区段应加强监视，并采取可靠的防护措施。对处于施工区域的电缆线路，应设置警告标志牌，标明保护范围，每日进行特巡。

8.3.12 电缆的防火阻燃应采取下列措施：

（1）电缆密集区域的在役接头应加装防火槽盒或采取其他防火隔离措施；

（2）改、扩建工程施工中，对于贯穿已运行的电缆孔洞、阻火墙，应及时恢复封堵。

8.3.13 敷设于公用通道中的电缆应制定专项管理措施。

8.3.14 电缆守护人员，应将挖土位置和有关情况详细记入运行档案中。松土地段的电缆线路临时通行重车，除必须采取保护电缆措施外，还应将该地段详细记入守护记录簿内。

8.3.15 直埋电缆在拐弯、中间接头、终端和建筑物等地段，应装设明显的方位标志，发现缺失及时补充。

8.3.16 电缆反外力标识应符合《北京市电力公司直埋电缆标识标牌技术标准》（京电科信〔2013〕27 号）的要求。

8.4 配电站室的防护

8.4.1 防护范围：位于地下及半地下和人口密集小区内的站室；

8.4.2 低洼地段、地下及半地下配电站室应砌不低于 30cm 的防水台，站内应加装溢水报警装置及水泵，应按照标准配备防汛物资。

8.4.3 站室四周不应堆放任何杂物，应保证 1～2 辆抢修车辆正常停放；站室各设备间应能保证正常进出。

8.5 箱变、户外环网单元、地箱的防护

8.5.1 宜加装围栏。

8.5.2 周边不应堆放任何杂物。

8.5.3 位于绿地内的，若植物、杂草附着在箱体外壳，或影响运维人员进出箱体，应进行清理。

8.5.4 位于街道两侧的应粘贴防撞贴条。

9 配电网维护

9.1 一般要求

9.1.1 配电网维护主要包括一般性消缺、检查、清扫、保养、带电测试、设备外观检查和临近带电体修剪树枝、清除异物、拆除废旧设备、清理通道等工作。

9.1.2 根据配电设备状态评价结果和反事故措施的要求，运维单位应编制年度、月度、周维护工作计划并组织实施，做好维护记录与验收，定期开展维护统计、分析和总结。

9.1.3 配电网维护应纳入生产管理系统（PMS）、地理信息系统（GIS）等信息系统管理，积极采用先进工艺、方法、工器具以提高维护质量与效率。

9.1.4 配电网运维人员在维护工作中应随身携带相应的资料、工具、备品备件和个人防护用品。

9.1.5 配电设备、设施的检查、维护和测量等工作应按标准化作业要求开展。

9.1.6 配电网维护宜结合巡视工作完成。

9.1.7 运维单位应加强与架空线路、电力电缆同路径敷设的光纤通信电缆的维护，加强自动化及通信终端的维护。

9.2 架空线路的维护

9.2.1 通道的维护：

（1）补全、修复通道沿线缺失的标志标识和安全标示；

（2）督促产权单位（个人）清除通道内的堆积物，特别是易燃、易爆物品和腐蚀性液（气）体；

（3）督促产权单位（个人）加固或清除可能被风刮起危及线路安全的彩钢房屋、临时建筑、塑料大棚等物体；

（4）清除威胁线路安全的藤蔓、树木类植物。

9.2.2 杆塔、导线和基础的维护：

（1）补全、修复杆号（牌）标志、警告和防撞等安全标示；

（2）修复符合 D 类检修的铁塔、钢管杆、混凝土杆接头锈蚀、变形倾斜和混凝土杆表面老化、裂缝；

（3）修复符合 D 类检修的杆塔埋深不足和基础沉降；

（4）修复塔材螺栓，加固塔材非承力缺失部件；

（5）清除导线、杆塔本体异物；

（6）定期开挖检查（运行工况基本相同的可抽样）铁塔、钢管塔金属基础和盐、碱、低洼地区混凝土杆根部，每 5 年 1 次，发现问题后每年 1 次。

9.2.3 拉线的维护：

（1）补全、修复拉线警示标志；

（2）修复拉线棒、下端拉线及金具锈蚀；

（3）修复拉线下端缺失金具及螺栓，调整拉线松紧；

（4）修复符合 D 类检修的拉线埋深不足和基础沉降；

（5）定期开挖检查（运行工况基本相同的可抽样）镀锌拉线棒，每 5 年 1 次，发现问题后每年 1 次。

9.3 电力电缆线路的维护

9.3.1 通道维护的主要内容：

（1）修复破损的电缆隧道、排管包封、工井、井盖，补全缺失的井盖；

（2）加固保护管沟，调整管沟标高；

（3）封堵电缆孔洞，补全、修复防火阻燃措施；

（4）修复电缆隧道内部防火、防水、照明、通风、支架、爬梯等损坏的附属设施；

（5）修复锈蚀的电缆支架，更换或补全缺失、破损、严重锈蚀的支架部件；

（6）修复存在连接松动、接地不良、锈蚀等缺陷的接地引下线；

（7）清除电缆通道、工井、检修通道、电缆管沟、隧道内部堆积的杂物；

（8）补全、修复通道沿线缺失的标志标识、安全标示，校正倾斜的标识标志桩；

（9）及时清理电缆隧道、井室内积水，避免接头浸泡在水中。

9.3.2 电缆线路本体及附件维护的主要内容：

（1）修复有破损的外护套、接头保护盒；

（2）补全、修复防火阻燃措施；

（3）补全、修复缺失的电缆线路本体及其附件标志标识；

（4）补全、修复电缆固定装置。

9.3.3 低压电缆分支箱维护的主要内容：

（1）清除柜体污秽，修复锈蚀、油漆剥落的柜体；

（2）清理周围的杂物；

（3）修复变形、开裂的箱体及损坏的锁具。

9.4 柱上设备的维护

9.4.1 清除设备本体上的异物。

9.4.2 修剪、砍伐与设备安全距离不足的树枝、藤蔓等。

9.5 环网单元的维护

9.5.1 清除柜体污秽，修复锈蚀、油漆剥落的柜体。

9.5.2 清理环网单元附近的杂物。

9.5.3 开展环网单元清除凝露工作。

9.5.4 修复变形、开裂的箱体及损坏的锁具。

9.6 开关柜、配电柜的维护

9.6.1 清除柜体污秽，修复锈蚀、油漆剥落的柜体。

9.6.2 开展清除凝露工作。

9.7 配电变压器的维护

9.7.1 结合配电变压器巡视工作，定期进行配电变压器的测负荷工作，配电变压器具备采集功能的应优先利用采集功能监测配电变压器负荷。原则上特别重要、重要变压器 1~3 个月测量负荷 1 次，一般变压器 6 个月测量负荷 1 次。

9.7.2 最大负荷不超过额定值，不平衡率：Yyn0 接线不大于 15%、零线电流不大于变压器额定电流 25%；Dyn11 接线不大于 25%、零线电流不大于变压器额定电流 40%。

9.7.3 清除壳体污秽，修复锈蚀、油漆剥落的壳体。

9.7.4 更换变色的呼吸器干燥剂（硅胶），补全油位异常的变压器油。

9.8 防雷和接地装置的维护

9.8.1 修复连接松动、接地不良、锈蚀等情况的接地引下线。

9.8.2 修复缺失或埋深不足的接地体。

9.8.3 定期开展接地电阻测量，柱上变压器、柱上负荷开关设备、柱上低压配电箱、线路调压器、柱上无功补偿装置设备每 2 年进行 1 次，配电室设备每 6 年进行 1 次，导线防雷及其他有接地的设备接地电阻测量每 4 年进行 1 次，测量工作应在干燥天气进行。

9.8.4 在 10kV 配电网中性点经小电阻接地地区，对于单独接地的配电变压器，如果接地电阻在 4Ω 及以下时，配电变压器中性点工作接地与保护接地分开独立接地，其工作接地采用绝缘导线引出后接地，保护接地设置在变压器安装处，各接地体之间应无电气连接。对于等效接地电阻在 0.5Ω 或以下时，保护接地与工作接地可以不分开。

9.8.5 设备接地电阻应满足表 2 的要求。

表 2　配 电 设 备 接 地 电 阻

设　　备	接地电阻（Ω）	设　　备	接地电阻（Ω）
总容量 100kVA 及以上的变压器	4	柱上负荷开关	10
总容量为 100kVA 以下的变压器	10	10kV 熔断器	10
柱上 10kV 计量箱	10	避雷器	10
电缆及分支箱	10	柱上电容器	10
开关柜	4	配电室	4

9.8.6 有避雷线的配电线路，其杆塔接地电阻应满足表3的要求。

表3 杆塔的接地电阻

土壤电阻率（Ω·M）	工频接地电阻（Ω）	地壤电阻率（Ω·M）	工频接地电阻（Ω）
100 及以下	10	1000～2000	25
100～500	15	2000 以上	30
500～1000	20		

9.9 建（构）筑物的维护

9.9.1 清理站所内外杂物，修缮、平整运行通道。

9.9.2 修复破损的遮（护）栏、门窗、防护网、防小动物挡板等。

9.9.3 修复锈蚀、油漆剥落的箱体及站所外体。

9.9.4 补全、修复缺失或破损的一次接线图。

9.9.5 更换不合格消防器具、常用工器具。

9.9.6 修复出现性能异常的照明、通风、排水、除湿等装置。

9.9.7 修复屋面及夹层渗漏。

9.10 配电自动化及通信终端设备的维护

9.10.1 补全缺失的标志标识、补全缺失的内部线缆连接图等。

9.10.2 清除外壳壳体污秽，修复锈蚀、开裂、缺损、油漆剥落的壳体。

9.10.3 对终端上有严重污秽的部件，应用干净的毛巾配合清洁剂擦拭。

9.10.4 紧固松动的插头、压板、端子排等。

9.10.5 修复关闭不良的柜门，更换破损的门锁，对封堵不良的电缆孔洞进行封堵。

9.10.6 修复或者更换异常的二次安全防护设备。

9.10.7 重新连接异常的接地装置，确保其连接牢固可靠。

9.10.8 当蓄电池出现渗液、老化，箱体锈蚀及渗漏，电压、浮充电流异常等现象时，对蓄电池进行更换。

9.10.9 检查通信是否正常，能否接收主站发下来的报文。

9.10.10 检查定值设定是否正确，遥测数据是否正常，遥信位置是否正确。

9.10.11 对终端装置参数定值等进行核实及时钟校对，做好相关数据的常态备份工作。

9.11 标识、标示的维护

标识、标示维护的主要内容包括补全、修复缺失、损坏、错误的各类标识、标示。

9.12 仪器仪表的维护

9.12.1 应每年1次定期维护绝缘电阻表、万用表、钳形电流表、红外测温仪、测距仪、开关柜局部放电仪等仪器仪表。

9.12.2 维护的主要内容包括外观检查、绝缘电阻测试、绝缘强度测试、器具检定、电池充放电等。

9.13 其他设备的维护

9.13.1 直流电源设备维护的主要内容：

（1）清除直流电源设备箱（柜）体污秽，修复锈蚀、油漆剥落的壳体；

（2）紧固松动的蓄电池连接部位；

（3）定期测量蓄电池端电压，每季度1次；

（4）定期开展蓄电池核对性充放电试验，每年1次（直流专业规定）。

9.13.2 配电自动化设备电池维护的主要内容包括清除蓄电池箱体污秽，修复锈蚀、油漆剥落的壳体。

9.14 季节性维护

9.14.1 每年雷雨季节前应对防雷设施进行防雷检查和维护，修复损坏的防雷引线和接地装置，检查有无防雷措施缺失及防雷改进措施的落实情况。

9.14.2 每年汛期前应对位于地势低洼地带、地下室、电缆通道等公用配电设施进行防汛检查和维护，加固易被洪水冲刷的杆塔、配电变压器等设备，修剪易被水冲倒影响配电设备安全运行的树木，对平顶房屋屋顶排水口进行检查清理，检查防汛改进措施落实情况等。

9.14.3 每年树木快速生长季节前，修剪影响配电线路安全运行的树枝。

9.14.4 每年大风季节前，对配电线路及通道进行防风检查和维护，检查防风拉线、导线弧垂等情况，清除附近易被风刮起的物品，修剪附近易被风刮倒的树木。

9.14.5 每年夏、冬季负荷高峰来临前，对配电线路及设备负荷进行分析预测，巡视中对设备进行测温、测负荷工作，检查接头接点运行情况和线路交叉跨越情况，对可能重、过负荷的线路、配电变压器采取相应的措施。

9.14.6 每年秋、冬季节前，对柜体设备的加热、通风装置进行检查，缩短检查周期，及时清理凝露、凝霜，对防小动物措施进行检查维护。

9.14.7 每年冰雪季来临前，对配电线路沿线的树木进行通道清理维护，冰雪后进行清雪、清障。

9.14.8 每年春季开展防鸟害工作。

9.14.9 每年春秋季对站室房屋门窗进行检查维护。

9.14.10 每年供暖期前，对站室内暖气、供水设施进行检查维护，对站室外临近用户房屋内的供暖设施情况进行了解，必要时下发用户告知书。

10 倒闸操作

10.1 一般要求

10.1.1 运维人员必须明确管辖范围内所有设备的调度划分，凡属调度范围内的一切倒闸操作，均应按调度命令进行，操作完毕应立即向调度员回令。倒闸操作可以通过就地操作、遥控操作、程序操作完成。遥控操作、程序操作的设备应满足有关技术条件。

（1）双重调度的设备，在一次工作中运维人员只接受一个调度单位的调度命令。

（2）倒闸操作任务涉及多个调度单位的调度权限时，运维人员应分别接受多个调度的命令，如调度明确由一个调度单位统一下令时亦可执行操作。

（3）自行调度的设备或与用户订有停发电联系制度的倒闸操作，应按有关制度规定执行。

10.1.2 具备自动化功能的设备倒闸操作包括远方遥控操作和现场操作；现场操作可分为电动操作分合开关、手动操作分合开关及投退自动装置。正常情况下，应在主站端遥控操作；当无法遥控操作时，应在现场操作；现场操作优先采用电动操作，无法电动操作时应进行手动操作。

10.1.3 在进行现场操作时，该设备的遥控功能应停用。

10.1.4 只有经批准有接令权的运维人员才能进行调度联系和接受调度命令，接令时应主动报告要进行操作的设备名称、姓名并问清调度员的单位、姓名。

10.1.5 凡严重威胁人身及设备安全的故障，运维人员有权先处理后再报告调度。

10.1.6 除事故处理、查找接地以外的一切倒闸操作（包括事故处理后的善后操作在内），应填写操作票和执行把六关（即操作准备关、接令关、操作票填写关、核对图板关、操作监护关、质量检查关）；事故处理过程中的倒闸操作，可不填写倒闸操作票，但也应遵守把六关，事后应记入运行日志，站室设备操作还应倒图板；检修中的试验性操作，不填写操作票。

10.1.7 设备异常拉路和事故拉路的操作规定：

（1）设备异常拉路和事故拉路均应填写运行日志记录。

（2）设备异常拉路时，在操作票任务栏只写明操作性质"设备异常拉路"，步骤按命令顺序填写。

（3）事故拉路时，将调度令填入调度命令记录，即可操作，回令后再检查操作质量并记入运行日志。

（4）一步操作只填写任务，不列步骤，亦不需划勾，但执行后应盖"已执行"章。倒闸操作票评价统计表见附录 G。

10.1.8 经调度员同意的自行操作，仍应填写操作票，但需在发令人栏中注明"×××许可"字样，属于自行调度的操作，在发令人栏内应注明"自行"字样。

10.1.9 严格执行"倒闸操作把六关"制度。

10.1.10 倒闸操作分类：

10.1.10.1 监护操作：由两人进行同一项的操作；监护操作时，其中一人对设备较为熟悉者作监护；特别重要和复杂的倒闸操作，由熟练的运维人员操作，运维单位负责人监护。

10.1.10.2 单人操作：由一人完成的操作。

（1）单人操作时，运维人员根据发令人用电话传达的操作指令填写操作票，复诵无误。

（2）实行单人操作的设备、项目及运维人员需经设备运维管理单位批准，人员应通过专项考核。

10.1.10.3 检修人员操作：由检修人员完成的操作。

（1）经设备运维管理单位考试合格、批准的检修人员，可进行 10kV 及以下的电气设备由热备用至检修或由检修至热备用的监护操作；监护人应是同一单位的检修人员或设备运维人员。

（2）检修人员进行操作的接、发令程序及安全要求应由设备运维管理单位总工程师（技术负责人）审定，并报相关部门和调度机构备案。

10.1.11 运维人员不许同时接受两个调度命令，一张操作票上只许填一个调度命令，操作票的每一步骤只许包括一个操作内容。

10.2 架空线路倒闸操作及核相

10.2.1 倒闸操作技术要求：

（1）10kV 架空线路处于运行中，原则上采取不停负荷、合环倒闸操作；

（2）10kV 架空线路具体操作按调度命令执行；

（3）验明装挂地线的设备确无电压后，应立即将设备接地，并三相短路；

（4）倒闸操作中，不得通过电压互感器或变压器二次侧返出 10kV；

（5）雨天操作应使用防雨闸杆，雷电时禁止倒闸操作；

（6）拉开封闭型喷射式熔断器、跌落式熔断器时，应先拉中相，后拉边相（有风时，先拉下风相）；恢复时相反。

10.2.2 核相技术要求：

（1）10kV 架空线路，凡增设联络开关、变动与联络开关有关的导线，应根据调度命令进行核相。

（2）中性点不接地或经消弧线圈接地的 10kV 系统，如发生单相接地时，应停止核相工作。

（3）低压系统核相前，应检查两个电源的三相电压是否平衡，如电压严重不平衡时，不得进行核相。

（4）核相工作必须做好记录，在两个电源的各相调整到相互对应的排列后，再做一次最后核定。

（5）10kV 架空线路核相后，相位无法对应，则应分析判断主变压器的接线组别和主变压器的一次接线相序。

10.3 配电站室倒闸操作及核相

10.3.1 技术规定：

（1）送电时，先合隔离开关后合断路器，先合电源侧，后合负荷侧；停电时相反。

（2）雷雨天应避免箱变、环网单元等室外设备的倒闸操作，如必须操作时，应采取防雨措施。

（3）连续操作断路器时，应注意直流母线电压。

（4）倒闸操作中，不得通过电压互感器或变压器二次侧返送出 10kV 电压。

（5）停用电压互感器或站内变压器时，应检查有关的保护和自动装置。

（6）开关柜内的出线电缆头挂地线时，若母线有电，必须先拉开母线侧隔离开关。

（7）验明装挂地线的设备确无电压后，应立即将设备接地，并三相短路。

（8）拉断路器两侧隔离开关时，应先拉负荷侧，后拉电源侧；恢复时相反。

（9）10kV 负荷开关，可带电拉合正常负荷、合环电流、变压器空负荷和电缆的充电电流。在事故处理过程中，可以使用带电分段试发，以判断故障区域。

（10）SF_6 环网柜操作前，SF_6 气压应正常。

（11）有关小车式开关柜的操作规定，小车式开关柜的操作顺序是投入运行时，先推入到备用位置，给上插件后再给上操作电源熔断器（断路器），然后推入到运行位置，最后合断路器；退出运行时，操作顺序相反。

（12）电缆环网单元合接地开关前应验电，本单元正常运行的带电显示器，需停电前检查带电显示器是否正常运行。

10.3.2 操作术语。

10.3.2.1 运维人员进行调度联系和填写操作任务时，应使用北京地区电力系统调度术语（详见《北京地区电力系统调度管理规程》）。

10.3.2.2 倒闸操作术语：

（1）操作开关时操作任务使用双重调度号，操作步骤栏使用调度号；断路器、隔离开关等一次设备操作称"拉开"、"合上"。

（2）操作地线称"验"、"挂"、"拆"；挂地线的位置以隔离开关为准，称"线路侧"、"开关侧"、"母线侧"、"变压器侧"等。上述规定不能包括时，按实际位置填写。例如，母线上挂地线，一般挂在某隔离开关母线侧的引线上，故称"在×××—×隔离开关母线侧挂×号地线"。对由于设备原因接地隔离开关（接地线）与检修设备之间连有断路器（隔离开关）时按实际位置填写。母线封闭柜母线上的地线挂在隔离开关侧，工作票上注明×××—×隔离开关不能拉开。接地车称"推入""拉至"。例如，将×号母线接地车推入 245 开关柜备用位置，拉至 245 开关柜接地位置。

（3）防误推入挡板术语包括"装设""拆除""放置""取出"。例如，在 201 小车触头处装设防误推入挡板；在 201 开关柜内放置防误推入挡板；取出 201 开关柜内防误推入挡板；拆除 201 小车触头上的防误推入挡板。

（4）美式箱式变电站操作术语：将 10kV 断路器由××网位[1] 合至××网位。

（5）操作交、直流熔断器和二次插件称"给上"、"取下"。

（6）操作连接片称"投入"、"退出"、"改投"。

（7）小车式开关称"推入"和"拉至"。

小车开关的几个位置：

运行位置：指开关两侧插头已插入插嘴（相当于隔离开关合好）；

备用位置：指开关两侧插头离开插嘴，但小车未拉出柜外；

检修位置：小车已拉出柜外。

10.3.3 操作票填写要求：

（1）倒闸操作票使用前应统一编号，在一个年度内不得使用重复号，操作票应按编号顺序使用，应具有唯一性和可追溯性，便于查找。

（2）执行后的操作票应按值移交，复查人将复查情况记入"备注"中并签名，每月由专人进行整理后收存，操作票保存期为一年。

（3）操作票在执行过程中不得颠倒顺序，也不能增减步骤、跳步、隔步，如需改变应重新填写操作票。

（4）操作任务不得涂改。一个操作任务的步骤不超过五步时操作票不得涂改，五步以上的操作票若个别字体写错，可在错字上划两横线注销，在后面重新填写；若操作术语或调度号写错，划两横线注销后，必须在下一行重新填写。一页操作票涂改不得超过两处，否则应作废重写。

（5）每执行完一步操作后，应在该项前面划执行勾；整个操作任务完成后，在最后一项的步骤下面加盖"已执行"章；若操作任务只是一步操作，其步骤直接填入"操作任务"栏，"操作项目"栏不再重写，执行后不划执行勾，在任务栏下盖"已执行"章。

（6）若一个操作任务连续使用几张操作票，则在前一页"备注"栏内写上"接下页"，在后一页的"操作任务"栏内写上"接上页"，也可以写上接页的编号。

---

[1]　A 网位：线路 1（受电）接变压器；B 网位：线路 2（馈电）接变压器；AB 网位：线路 1、2 接通，变压器断电；环网位：线路 1、2 接变压器。

（7）操作票因故作废应在"操作任务"栏内盖"作废"章。若一个任务使用几页操作票均作废，则应在作废各页均盖"作废"章，并在作废操作票页"备注"栏内注明作废原因；当作废页数较多且作废原因注明内容较多时，可自第二张作废页开始只在备注栏中注明"作废原因同上页"。

（8）在操作票执行过程中因故中断操作，则应在已操作完的步骤下面盖"已执行"章，并在"备注"栏内注明中断操作原因。若此任务还有几页未操作的票，则应在未执行的各页"操作任务"栏盖"作废"章。

（9）开关的双重编号（路名和调度号）只用于"操作任务"栏，"操作项目"栏只写调度号不写路名。

（10）"操作票任务"栏写满后，继续在"操作项目"栏内填写，任务写完后，空一行再写操作步骤。

（11）装设、拆除、放置、取出"防误推入挡板"由运维人员进行，并作为操作步骤列入操作票。

10.3.4 倒闸操作基本步骤。

10.3.4.1 操作准备，操作前操作人做好如下准备：

（1）明确操作任务和停电范围。

（2）拟定操作顺序。

（3）考虑保护和自动装置相应变化及应断开的交、直流电源，并防止电压互感器、所用变压器二次返 10kV 的措施。

（4）分析操作过程中可能出现的危险点并采取相应的措施。

（5）设备检修后，操作前应认真检查设备状况及一、二次设备的拉合位置是否与工作前相符。

10.3.4.2 接令：

（1）操作人员到站后应通知下令人，再由下令人正式下令。

（2）接令时应随听随记，记录在操作任务栏中，接令完毕应将记录的全部内容向下令人复诵一遍，并得到下令人认可。

（3）接受调度命令时，应先问清下令人姓名、下令时间，并主动报出站名和姓名。

（4）对调度命令有疑问时，应及时与下令人共同沟通解决；对错误命令应提出纠正，未纠正前不准执行。

10.3.4.3 操作票填写：

（1）"操作任务"栏应根据调度命令内容填写。

（2）操作顺序应根据调度命令参照典型操作票和事先拟订的操作票内容进行填写。

（3）操作票填写后，由操作和监护人共同审核无误。

10.3.4.4 模拟操作：

（1）模拟操作前应结合调度令核对当时的运行方式，满足操作任务的要求。

（2）模拟操作应根据操作顺序逐项高声唱票。

（3）模拟操作后应再次核对新运行方式与调度令相符。

（4）模拟操作无误后操作人签字，开始操作时填入操作开始时间。

10.3.4.5 操作执行，每执行一步操作，应按下列步骤进行：

（1）操作人持操作票至操作设备处，手指调度号和操作部位与操作步骤进行核对。

（2）确认调度号无误后，执行操作。

（3）检查操作质量（远方操作只检查相应的信号装置）。

（4）在操作票本步骤划执行"√"，再朗读下步操作内容。

（5）操作中遇有事故或异常，应停止操作，将情况报告调度和运维管理部门；如因事故、异常影响原操作任务时，根据调度令重新修改任务后填写的操作票，应征得当值工作负责人及以上人员的同意后方可继续操作。

（6）由于设备原因不能操作时，应停止操作，将情况报调度和运维管理部门。

（7）单人操作、检修人员在倒闸操作过程中严禁解锁；如需解锁，应待增派运维人员到现场后，履行批准手续后处理。解锁工具（钥匙）使用后应及时封存。

10.3.4.6 质量检查：

（1）操作完毕后全面检查操作质量。

（2）检查无问题后应在最后一页操作票上填入终了时间，并在最后一步下边加盖"已执行"章（不得压步骤），并向调度回令。

10.3.5 核相要求及步骤。

10.3.5.1 核相要求：

（1）未核相的系统之间应有明显断开点。

（2）各级调度范围内的设备需进行核相，均应先向值班调度员要令并经同意后方可进行。

（3）核相正确后，有条件的应试环一次。

（4）线路工作有可能造成相位变动需要核相时，恢复送电时必须安排核相。

10.3.5.2 核相方法：

（1）10kV侧，按照发电批准书要求进行核相。

（2）0.4kV侧，先对4号、5号低压母线进行充电（合上401、402开关），在445开关柜柜后，用万用表对4号、5号母线进行核相。

11 状态评价

11.1 一般要求

11.1.1 运维单位应以现有配电设备数据为基础，采用各类信息化管理手段（如配电自动化系统、用电信息采集系统等），以及各类带电检（监）测（如红外检测、开关柜局部放电检测等）、停电试验手段，利用配电设备状态检修辅助决策系统开展设备状态评价，掌握设备发生故障之前的异常征兆与劣化信息，事前采取针对性措施控制，防止故障发生，减少故障停运时间与停运损失，提高设备利用率，并进一步指导优化配电网运维、检修工作。

11.1.2 运维单位应积极开展配电设备状态评价工作，配备必要的仪器设备，实行专人负责。

11.1.3 设备应自投入运行之日起纳入状态评价工作。

11.2 状态信息收集

11.2.1 状态信息收集应坚持准确性、全面性与时效性的原则，各相关专业部门应根据运维单位需要及时提供信息资料。

11.2.2 信息收集应通过内部、外部多种渠道获得，如通过现场巡视、现场检测（试验）、业扩报装、信息系统、95598客户服务、市政规划建设等获取配电设备的运行情况与外部运行环境等信息。

11.2.3 运维单位应制定定期收集配电网运行信息的方法，对于收集的信息，运维单位应进行初步的分类、分析、判断与处理，为开展状态评价提供正确依据。

11.2.4 设备投运前状态信息收集：

（1）出厂资料（包括型式试验报告、出厂试验报告、性能指标等）；

（2）交接验收资料。

11.2.5 设备运行中状态信息收集：

（1）运行环境和污区划分资料；

（2）巡视记录；

（3）修试记录；

（4）故障（异常）记录；

（5）缺陷与隐患记录；

（6）状态检测记录；

（7）越限运行记录；

（8）其他相关配电网运行资料。

11.2.6 同类型设备参考信息包括家族缺陷。

11.3 状态评价内容

11.3.1 状态评价范围应包括架空线路、电力电缆线路、电缆分支箱、柱上设备、开关柜、配电柜、配电变压器、配电自动化终端、光纤通信终端、建（构）筑物及外壳等设备、设施。

11.3.2 评价周期：

（1）状态评价包括定期评价和动态评价，定期评价特别重要设备1年1次，重要设备1~2年1次，一般设备1~3年1次。定期评价每年8月底前完成，设备动态评价应根据设备状况、运行工况、环境条件等因素适时开展。

（2）利用配电设备状态检修辅助决策系统，在设备状态量可实现自动采集的情况下，设备状态评价可实时进行，即每个状态量变化时，系统自动完成设备状态的更新。

11.3.3 状态评价资料、评价原则、单元评价方法、整体评价方法及处理原则按照 Q/GDW 645—2011《配网设备状态评价导则》执行。

11.3.4 设备状态评价结果分为以下四个状态：

（1）正常状态：设备运行数据稳定，所有状态量符合标准；

（2）注意状态：设备的几个状态量不符合标准，但不影响设备运行；

（3）异常状态：设备的几个状态量明显异常，已影响设备的性能指标或可能发展成严重状态，设备仍能继续运行；

（4）严重状态：设备状态量严重超出标准或严重异常，设备只能短期运行或需要立即停役。

11.4 评价结果应用

11.4.1 对于正常、注意状态设备，可适当简化巡视内容、延长巡视周期；对于架空线路通道、电缆线路通道的巡视周期不得延长。

11.4.2 对于异常状态设备，应进行全面仔细地巡视，并缩短巡视周期，确保设备运行状态的可控、在控。

11.4.3 对于严重状态设备，应进行有效监控。

11.4.4 根据评价结果，按照 Q/GDW 644—2011《配网设备状态检修导则》制定检修策略。

12 缺陷与隐患处理

12.1 一般要求

12.1.1 设备缺陷是指配电设备本身及周边环境出现的影响配电网安全、经济和优质运行的情况。超出消缺周期仍未消除的设备危急缺陷和严重缺陷，即为安全隐患。

12.1.2 设备缺陷与隐患的消除应优先采取不停电作业方式。

12.1.3 设备缺陷按其对人身、设备、电网的危害或影响程度，划分为一般、严重和危急三个等级。

（1）危急缺陷：设备或建筑物发生了直接威胁安全运行并需立即处理的缺陷，否则，随时可能造成设备损坏、人身伤亡、大面积停电、火灾等事故；

（2）严重缺陷：设备处于异常状态，可能发展为事故，但设备仍可在一定时间内继续运行，需加强监视并尽快进行检修处理的缺陷；

（3）一般缺陷：设备本身及周围环境出现不正常情况，一般不威胁设备的安全运行，可列入年、季检修计划或日常维护工作中处理的缺陷。

12.2 缺陷与隐患处理方法

12.2.1 缺陷与隐患在发现与处理过程中，应统一录入专业系统中，内容包括缺陷与隐患的地点、部位、发现时间、缺陷描述、缺陷设备的厂家和型号、等级、计划处理时间、检修时间、处理情况、验收意见等。

12.2.2 缺陷发现后，应根据 Q/GDW 745—2012《配电网设备缺陷分类标准》严格进行分类分级，并根据 Q/GDW 645—2011《配网设备状态评价导则》对相应设备进行状态评价，根据 Q/GDW 644—2011《配网设备状态检修导则》确定检修策略，开展消缺工作。

12.2.3 危急缺陷消除时间不得超过 24h，严重缺陷应在 30 天内消除，一般缺陷应在 1 年内结合检修计划消除，但应处于可控状态。

12.2.4 缺陷处理过程应实行闭环管理，并在生产管理系统（PMS）中流转，主要流程包括运行发现—上报管理部门—安排检修计划—检修消缺—运行验收。

12.2.5 被判定为安全隐患的设备缺陷，应继续按照设备缺陷管理规定进行处理，同时纳入安全隐患管理流程进行闭环督办。

12.2.6 设备带缺陷或隐患运行期间，运维单位应加强监视，必要时制定相应应急措施。

12.2.7 当配电自动化装置发生的缺陷威胁到其他系统或一次设备正常运行时，必须在第一时间采取有效的安全技术措施进行隔离；缺陷消除前系统运行维护部门应加强监视防止缺陷升级。

12.2.8 凡涉及配电自动化及保护装置回路、配置变化有可能导致全部或部分信号采集和传输错误的缺陷，消缺后应对相关信号进行传动、验收合格后方可办理消缺手续。

12.2.9 定期开展缺陷与隐患的统计、分析和报送工作，及时掌握缺陷与隐患的产生原因和消除情况，有针对性制定应对措施。

13 故障处理

13.1 一般要求

13.1.1 故障处理应遵循保人身、保电网、保设备的原则，尽快查明故障地点和原因，消除故障根源，防止故障的扩大，及时恢复用户供电。

13.1.2 故障处理前，应采取措施防止行人接近故障线路和设备，避免发生人身伤亡事故。

13.1.3 故障处理时，应尽量缩小故障停电范围和减少故障损失，必要时应考虑采取应急电源接入方式临时恢复供电。

13.1.4 多处故障时处理顺序是先主干线后分支线，先公用变压器后专用变压器。

13.1.5 对故障停电用户恢复供电顺序为，先重要用户后一般用户，优先恢复特、一级负荷用户供电。

13.1.6 对于配置故障指示器的线路，宜应用故障指示器，从电源侧开始逐步定位故障区段进行故障查找和处理；对于配置馈线自动化的线路，可根据配电自动化系统信息，直接在故障区段进行故障查找和处理。

13.1.7 故障发生后，运维人员和抢修人员应及时赶赴现场，共同开展前期故障巡视工作。

13.1.8 如故障越级，造成上级设备停电时，应及时上报管理部门和调度部门。

13.1.9 故障处理过程中，因故障处理造成电网异常方式运行时，须及时上报调度部门，并制定异常方式运行管控措施，加强相关设备的巡视工作。

13.1.10 当具备自动化功能的一次设备误动后，运维人员应立即按照调度命令停用其自动化装置，快速恢复用户供电，再进行分析处置。待恢复正常验收传动无问题后再投运自动化装置。

13.2 架空线路故障处理方法

13.2.1 中性点经消弧线圈接地或不接地系统发生永久性接地故障时，应利用各种技术手段，快速判断并切除故障线路或故障段，在短时间无法查找到故障点的情况下，宜停电查找故障点，必要时可用柱上负荷开关或其他设备，从首端至末端、先主线后分支，采取逐段逐级拉合的方式进行排查。

13.2.2 线路上的熔断器熔断、柱上分界负荷开关或柱上断路器跳闸后，不得盲目试送，应详细检查线路和有关设备，确无问题后方可恢复送电。

13.2.3 线路故障跳闸但重合闸成功，运维单位应尽快查明原因。

13.2.4 已发现的短路故障修复后，应检查故障点电源侧所有连接点（弓子线、搭头线），确无问题方可恢复供电。

13.2.5 配电变压器一次熔丝一相熔断时，应详细检查一次侧设备及变压器，无问题后方可送电；一次熔丝两相或三相熔断、断路器跳闸时，应详细检查一次侧设备、变压器和低压设备，必要时还应测试变压器绝缘电阻并符合京电生〔2011〕33 号《北京市电力公司电力设备状态检修试验规程》规定，确认无故障后才能送电。

13.2.6 变压器一次、二次熔丝（片）熔断时，还应检查配电变压器一、二次额定电流与熔丝（片）选择是否匹配，具体请参见附录 H 规定的数值。

13.2.7 配电变压器、断路器等发生冒油、冒烟或外壳过热现象时，应断开电源，待冷却后处理。

13.2.8 10kV 开关站、环网单元母线电压互感器或避雷器发生异常情况（如冒烟、内部放电等），应先用开关切断该电压互感器所在母线的电源，然后隔离故障电压互感器。不得直接拉开该电压互感器的电源侧隔离开关，其二次侧不得与正常运行的电压互感器二次侧并列。

13.2.9 电气设备发生火灾、水灾时，运维人员应首先设法切断电源，然后再进行处理。

13.2.10 导线、电缆断落地面或悬挂空中时，应按照 Q/GDW 1799.2—2013《国家电网公司电力安全工作规程 线路部分》进行故障处理。

13.3 电缆线路故障处理方法

13.3.1 电力电缆线路发生故障，根据线路跳闸、配电自动化信息、故障测距和故障指示器动作等信息，对故障点位置进行初步判断，并组织人员进行故障巡视，重点检查已知的易受外力破坏地点、电缆终端和电缆接头，故障电缆段查出后，应将其与其他带电设备隔离，并做好满足故障点测寻及处理的安全措施，故障点经初步测定后，在精确定位前应与电缆路径图仔细核对，必要时应用电缆路径仪探测确定其准确路径。

13.3.2 未发现明显故障点时，应对所涉及的各段电缆使用耐压仪器进一步进行故障点查找。

13.3.3 明确电缆故障区段后，应先判断故障类别，并根据故障类别，采取相应方法进行故障测距和精确定位工作；电缆故障的类型一般分接地、短路、断线、闪络及混合故障五种，可使用兆欧表测量相间及每相对地绝缘电阻、导体连续性来确定，必要时对电缆施加不超过京电生〔2011〕33 号《北京市电力公司电力设备状态检修试验规程》中的直流电压判定其是否为闪络性故障；电缆故障测距主要有低压脉冲反射法和 10kV 闪络法；电缆故障精确定位主要有声磁同步法、音频感应法、声测法等。

13.3.4 锯断故障电缆前应与电缆走向图进行核对，必须使用专用仪器进行确认，在保证电缆导体可靠接地后，方可工作。

13.3.5 电力电缆线路发生故障，在未修复前应对故障点进行适当的保护，避免因雨水、潮气等影响使电缆绝缘受损。故障电缆修复前应检查电缆受潮情况，如有进水或受潮，应采取去潮措施或切除受潮线段。在确认电缆未受潮、分段绝缘合格后，方可进行故障部位修复。

13.3.6 电力电缆线路故障处理前后都应进行相关试验，以保证故障点全部排除及处理完好。

13.3.7 电力电缆线路故障处理后，应按规定进行耐压、局部放电等试验，并进行相位（相序）核对，经验收合格后，方可恢复运行。

13.3.8 低压电缆掉闸后，可试发一次，如试发成功，应检查主开关负荷是否正常。

13.3.9 低压电缆试发未成功时，应优先考虑将负荷转供，或采用应急发电车临时恢复供电。

13.4 开关站、配电站室故障处理方法

13.4.1 变压器。

13.4.1.1 发现下列情况之一者，应报告运维管理部门，同时详细检查设备，加强监视，并做好倒备用变压器（或倒负荷）的准备：

（1）过负荷 30%及以上；

（2）出现异音；

（3）严重漏油致使油面下降；

（4）油色显著变化；

（5）瓷头出现裂纹或不正常电晕现象；

（6）轻瓦斯保护动作；

（7）接头严重发热；

13.4.1.2 发现下列情况之一者，应立即停电或采取相应措施，并报告运维管理部门：

（1）内部发出强烈的放电声；

（2）防爆膜破碎，并喷油冒烟；

（3）套管严重破裂放电；

（4）变压器起火或大量跑油；

（5）变压器开关掉闸，应根据保护动作情况处理；

（6）当速断保护动作后，应对保护范围内的变压器及其设备进行全面检查，查明原因，排除故障后，再试发变压器；

（7）变压器过电流保护动作，检查变压器等设备无明显故障迹象，应按越级掉闸处理。

13.4.2　10kV 开关。

下列情况时需及时采取措施：

（1）合闸后开关内部有放电声响，应立即拉开；

（2）开关合闸失灵，有条件者先将负荷倒出；开关拉闸失灵，运维人员应设法将开关手动跳开，退出运行。

对以上两种情况应查明故障性质和部位，并及时消除。运维人员不能解决的应及时汇报，等待检修人员处理。

13.4.3　环网单元。

（1）更换 10kV 熔断器时，必须先将负荷开关断开，并将接地开关合上后才能工作，更换前要注意熔断器的容量与方向；

（2）环网开关在事故处理过程中，断路器单元可以用来带电分段试发；

（3）发现充有 SF_6 气体的环网柜的气压表指示在压力不正常区域（红色区域）时，禁止操作使用该气箱的负荷开关，应及时上报专业人员进行处理，若需停电处理，应从上级开关进行停电操作；

（4）装有故障指示器的负荷开关掉闸后，应检查故障指示器动作情况，根据故障指示器的动作情况判断故障电缆段，并立即隔离故障电缆段，及时上报调度，带出负荷。

13.4.4　低压空气开关及交流接触器。

13.4.4.1　下列情况应及时汇报，并加强监视：

（1）接头或触头发热，其温度有上升的趋势；

（2）绝缘部分损坏或严重污秽；

（3）接触器噪声过大或线圈过热；

（4）运维人员不得随意调整电子脱扣型开关的定值，定值若需调整应征得定值管理部门的同意。

13.4.4.2　下列情况，须及时采取措施。

（1）合闸后有放电声响异常现象，应立即拉开；

（2）合闸失灵，应及时处理，运维人员不能解决时，应及时汇报，待检修人员处理；

（3）拉闸失灵，运维人员应将开关手动跳开，运维人员不能解决时，应及时汇报，待检修人员处理。

13.4.4.3　交流接触器线圈熔丝熔断，应立即更换；再熔断时，应找出原因（如线圈烧坏应进行更换）；禁止用线圈熔断器直接启动或切断接触器线圈回路。

13.4.5　低压无功补偿电容器。

异常及事故处理：

（1）发现电容器严重漏油、变形、发热、瓷头破碎、内部放电等异常情况，应及时停用并报运维管理部门；

（2）发现电容器爆裂时，应立即将电容器开关拉开；用隔离开关拉合的低压电容器，隔离开关应配快速熔断器。

13.4.6 直流设备。

直流接地故障处理原则：正常情况下，直流系统绝缘应良好，不允许直流系统在接地情况下长期运行。当发生接地时，应分析可能造成接地的原因，并迅速查找。

（1）先找事故照明回路、信号回路、充电机回路，后找其他回路；

（2）先找低压系统，后找 10kV 系统；

（3）先找主合闸回路，后找保护回路；

（4）先找简单保护回路，后找复杂保护回路；

（5）先找一般出线路，后找重要出线路；

（6）当发现直流接地与保护有关时，应征得调度同意后进行处理，停用保护时间应尽量短，运维人员只允许查至控制熔断器处，如保护回路接地，应报上级处理；

（7）直流装置发生故障时应及时上报，由检修人员进行处理。

13.4.7 柜（盘）仪表、二次线：

（1）发现指示灯不正常，应迅速查找原因进行处理（使用万能表查找时应注意防止开关误动）。

（2）仪表指针不起或指示不正常时，应查看同一回路仪表有无指示，如同一回路仪表有指示，证明仪表本身有故障；若同一回路仪表无指示或指示不正常，证明电压互感器回路有断相或电流互感器回路有开路现象，如熔断器熔断，应立即更换，二次熔断则应查明原因。

（3）仪表发热或冒烟应断开电压回路。

（4）设备异常运行及发生事故时，运维人员认真监视各种仪表指示情况，并做好记录。

13.4.8 防误闭锁装置。

防误闭锁装置出现故障应查明原因并主动排除，站内确实无法处理的应及时上报。

13.5 故障统计与分析

故障发生后，运维单位应及时从责任、技术方面分析故障原因，制定防范措施，并按规定完成分析报告与分类统计上报工作。

13.6 故障信息上报

13.6.1 各运维单位按照相关工作要求，做好故障信息报送工作。

13.6.2 各阶段信息应及时、准确、完整上报生产值班室，并按相关要求及时完善相关系统。

13.7 故障分析深度

13.7.1 各运维单位对每起永久性故障进行分析，并按要求将配网故障分析报告报公司运检部及电科院。故障中涉及设备的技术原因只做初步分析，具体分析由北京电力科学研究院负责。

13.7.2 故障分析应明确故障发生技术原因、管理责任及人员责任。

13.8 故障分析报告

13.8.1 故障情况，包括系统运行方式、故障及修复过程、相关保护动作信息、负荷损失情况等。

13.8.2 故障基本信息，包括线路或设备名称、投运时间、制造厂家、规格型号、施工单位等。

13.8.3 原因分析，包括故障部位、故障性质、故障原因等。

13.8.4 故障暴露出的问题，采取的应对措施等。

13.9 设备送检分析

13.9.1 各运维单位将每起由于设备原因造成的故障，保留送检残品实物，于两个工作日内将故障设备残品送北京电力科学研究院进行分析。送检签署设备故障（异常）分析委托书作为凭证，同时负责按照故障异常分析资料明细单提供相关信息材料，配合故障调查。

13.9.2 北京电力科学研究院负责接收各运维单位送检的残品实物后，应立即组织开展分析工作，于实物接收 8 个工作日内完成故障设备分析工作，并出具故障设备分析报告，交公司运检部及相关运维单位。故障设备案例分析报告格式参考附录 I《典型故障案例分析报告》。

14 运行分析

14.1 一般要求

14.1.1 根据配电网管理工作、运行情况、巡视结果、状态评价等信息，对配电网的运行情况进行分析、归纳、提炼和总结，并根据分析结果，制定解决措施，提高运行管理水平。

14.1.2 运维单位应根据运行分析结果，对配电网建设、检修和运行等提出建设性意见，并结合本单位实际，制定应对措施，必要时应将意见和建议向上级反馈。

14.1.3 配电网运行分析周期为地市公司每季度一次、运维单位每月一次。

14.2 运行分析内容

14.2.1 运行分析内容应包括但不限于：运行管理、配电网概况及运行指标、巡视维护、试验（测试）、缺陷与隐患、故障处理、电压与无功、负荷等。

14.2.2 运行管理分析，应对管理制度是否落实到位、管理是否存在薄弱环节、管理方式是否合理等问题进行分析。

14.2.3 配电网概况及运行指标分析，应对当前配电网基础数据和配电网主要指标进行分析，如供电可靠性、电压合格率、线路负荷情况、缺陷处理指数、故障停运率、超过负荷配电变压器比率等。

14.2.4 巡视维护分析，应对配电网巡视维护工作进行分析，包括计划执行情况、发现处理的问题等。

14.2.5 试验（测试）分析，应对通过配电自动化监测、智能配电变压器监测、红外测温、开关柜局部放电试验、电缆振荡波试验等手段收集的设备信息进行分析。

14.2.6 缺陷与隐患分析，应对缺陷与隐患管理存在的问题和已发现缺陷与隐患的处理情况进行统计和分析，及时掌握缺陷与隐患的处理情况和产生原因。

14.2.7 故障处理分析，应从责任原因、技术原因两个角度对故障及处理情况进行汇总和分析，并根据分析结果，制定相应措施。

14.2.8 电压与无功分析，应对电压与无功管理工作情况、电压合格率、配电变压器功率因数等进行分析。

14.2.9 负荷分析，应对区域负荷预测、线路与配电变压器负荷情况、重负荷线路与配电变压器处理情况等进行分析。

14.2.10 用户影响分析，应对用户的重要程度、设备与运维管理状况、故障影响、分界负荷安装情况等进行综合分析，评估用户是否需要安装分界负荷开关，分界负荷开关安装位置、安装优先级应符合附录 J《10kV 架空线路分界负荷开关安装原则》。

14.3 电压及无功管理

14.3.1 10kV 三相供电电压允许偏差为额定电压的±7%；0.4kV 供电电压允许偏差为：

低压动力用户：为额定电压的－7%～＋7%。

低压照明用户：为额定电压的－10%～＋7%。

14.3.2 配电变压器（含配电室、箱式变电站、柱上变压器）安装无功自动补偿装置时，应符合下列规定：

（1）在低压侧母线上装设，容量按配电变压器容量 20%～40%考虑；

（2）以电压为约束条件，根据无功需量进行分组分相自动投切；

（3）合理选择配电变压器分接头，避免电压过高电容器无法投入运行。

14.3.3 电压监测点的数量不应少于北京市电力公司规定点数，监测点电压每月抄录或采集一次。电压监测点宜按出线首尾成对设置。

14.3.4 用户电压超过规定范围应采取措施进行调整，调节电压可以采用以下措施：

（1）合理选择配电变压器分接头；

（2）在低压侧母线上装设无功补偿装置；

（3）缩短线路供电半径及平衡三相负荷，必要时在 10kV 线路上加装调压器。

14.3.5 对于有以下情况的，应及时测量电压：

（1）投入较大负荷；

（2）用户反映电压不正常；

（3）三相电压不平衡，烧坏用电设备；

（4）更换或新装变压器；

（5）变压器分接头调整后。

14.4 负荷分析

14.4.1 配电线路、设备不得长期超负荷运行，导线、电缆的长期允许载流量可参见附录 K，线路、设备重负荷（按线路、设备限额电流值的 70%考虑）时，应加强运行监督，及时分流。

14.4.2 运维单位应通过各种手段定期收集配电线路、设备的实际负荷情况，为配电网运行分析提供依据，重负荷时期应缩短收集周期。

14.4.3 配电变压器运行应经济，年最大负荷率不宜低于 50%，季节性用电的变压器，应在无负荷季节停止运行。

14.4.4 变压器的三相负荷应力求平衡，不平衡度不应大于 15%，只带少量单相负荷的三相变压器，中性线电流不应超过额定电流的 25%，不符合上述规定时，应及时调整负荷；不平衡度宜按"（最大电流－最小电流）/最大电流×100%"的方式计算。

14.4.5 单相配电变压器布点均应遵循三相平衡的原则，按各相间轮流分布，尽可能消除 10kV 三相系统不平衡。

14.4.6 具备 $N-1$ 条件的线路，在 $N-1$ 情况下重负荷时，应通过加强运行巡视、减少计划停电等工作，防止出现 $N-1$ 的情况，在 $N-1$ 情况下过负荷时，还应做好减负荷准备工作。

14.5 运维资料管理

14.5.1 运维资料管理是运行分析的基础，运维单位应积极应用各类信息化手段，确保资料的及时性、准确性、完整性、唯一性，减轻维护工作量。

14.5.2　运维资料主要分为投运前信息、运行信息、检修试验信息等。运维管理部门应结合生产管理系统逐步统一各类资料的格式与管理流程，实现规范化与标准化。除档案管理有特别要求外，各类资料的保存力求无纸化。

14.5.3　电缆运维资料应有专人管理，建立图纸、资料清册，做到目录齐全、分类清晰、检索方便。根据电缆线路、设备及附属设施的变动情况，及时动态更新相关技术资料，确保与实际情况相符。

14.5.4　投运前信息主要包括设备出厂、交接、定值整定记录单、预试记录、设计资料图纸、变更设计的证明文件和竣工图、竣工（中间）验收记录和设备技术资料，电缆敷设记录、电缆接头制作安装记录，隐蔽工程记录，测绘资料，到货检测试验报告，产权移交协议，运维分界文件等，以及由此整理形成的一次接线图、地理接线图、系统图、配置图、定位图、线路设备参数台账、同杆不同电源记录、电缆管孔使用记录等。设备技术类资料，应保存厂方提供的原始文本。

14.5.5　运行信息主要是在开展运行管理、巡视维护、试验（测试）、缺陷与隐患处理、故障处理等工作中形成的记录性资料，主要包括运维工作日志、巡视记录、测温记录、交叉跨越测量记录、接地电阻测量记录、缺陷处理记录、故障处理记录、电压监测记录、负荷监测记录、外力破坏防护记录，电缆通道可燃、有害气体检测（监测）记录，状态检测记录，运行分析记录，电缆更改（异动）记录，检修记录等。

14.5.6　检修试验信息主要包括例行试验报告、诊断性试验报告、专业化巡检记录、缺陷消除记录及检修报告等。

14.5.7　故障抢修后，要及时维护图纸资料和电子资料，主要包括电缆路径、接头、试验等信息。

15　配电设备退役

15.1　一般要求

15.1.1　运维单位应根据生产计划及设备故障情况提出配电设备退役申请。

15.1.2　退役设备应进行技术鉴定，出具技术鉴定报告，明确退役设备处置方式。

15.1.3　退役设备处置方式包括再利用和报废。

15.1.4　再利用设备应提供设备退出运行前的运行、检修、试验等资料和退出运行后检修试验资料，检修试验按照京电生〔2011〕33 号《北京市电力公司电力设备状态检修试验规程》执行。

15.1.5　再利用设备主要包括配电变压器、开关柜、配电柜、柱上负荷开关和电缆，箱式变电站处理参照配电变压器、开关柜、配电柜处置，其他再利用成本高、拆装中易损伤设备以报废为主。

15.1.6　确定退役的设备应及时从现场清除，并由工程组织单位负责按政府及公司的相关要求组织对退役电杆、设备基础、设备电源、设备上的搭挂物等进行处置，避免遗留可能引发人身伤害或线路故障的问题。如因特殊原因暂不能拆除的设备，由工程组织单位提供书面说明材料，明确运维方案并由其负责实施。

15.2　配电变压器处置

符合下列条件之一的应以报废方式处置，否则可以再利用。

（1）高损耗、高噪声配电变压器；

（2）抗短路能力不足的配电变压器；

（3）存在家族性缺陷不满足反措要求的配电变压器；

（4）本体存在缺陷、发生严重故障、绝缘老化严重、渗漏油严重等，无零配件供应，无法修复或修复成本过大的配电变压器。

15.3 开关柜、配电柜处置

15.3.1 符合下列条件之一的应以报废方式处置，否则可以再利用。

（1）腐蚀或变形严重，影响机械、电气性能的开关柜、配电柜；

（2）因型号不同，柜体差别较大，兼容性差的开关柜、配电柜；

（3）因设计原因，存在严重缺陷，无零配件供应，无法修复或修复成本过大的开关柜、配电柜。

15.3.2 再利用的开关柜、配电柜应用于额定电流、额定短时耐受电流小，系统中重要性较低的终端型环网单元、无重要用户的配电室。

15.4 柱上负荷开关处置

15.4.1 符合下列条件之一的应以报废方式处置，否则可以再利用。

（1）充油开关设备；

（2）腐蚀严重，机械、电气性能达不到设计要求的开关设备；

（3）存在家族性缺陷不满足反措要求的开关设备；

（4）本体存在缺陷、发生严重故障、绝缘老化严重等，无零配件供应，无法修复或修复成本过大的开关设备。

15.4.2 再利用的开关设备应用于支路、放射性线路主干线末端或非重要用户分界处。

15.5 电缆设备处置

15.5.1 符合下列条件之一的应以报废方式处置，否则可以再利用。

（1）油纸绝缘电缆；

（2）经试验证明绝缘老化；

（3）电缆耐压、局部放电检测、绝缘电阻等试验不合格；

（4）电缆铜屏蔽和钢铠严重锈蚀。

15.5.2 再利用的电缆不能应用于重要用户外电源。

15.5.3 直埋敷设的电缆，由运维单位出具说明，可不拆除。

15.5.4 非直埋敷设的电缆，应进行保护性拆除，拆除后应将电缆盘上电缆轴，电缆端头应用防水热缩帽密封，并放置于电缆轴外侧，电缆接头应拆除。

附 录 A

（规范性附录）

现场污秽度分级

现场污秽度分级见表 A.1。

表 A.1 现场污秽度分级

现场污秽度	典 型 环 境 描 述
非常轻 （a）	很少人类活动，植被覆盖好，且： 距海、沙漠或开阔地大于 50km²； 距大中城市大于 30～50km； 距上述污染源更短距离内，但污染源不在积污期主导风上
轻 （b）	人口密度 500～1000 人/km² 的农业耕作区，且： 距海、沙漠或开阔地大于 10～50km； 距大中城市 15～50km； 重要交通干线沿线 1km 内； 距上述污染源更短距离内，但污染源不在积污期主导风上； 工业废气排放强度小于每年 1000 万 m³/km²（标况下）； 积污期干旱少雾少凝露的内陆盐碱（含盐量小于 0.3%）地区
中等 （c）	人口密度 1000～10000 人/km² 的农业耕作区，且： 距海、沙漠或开阔地大于 3～10km； 距大中城市 15～20km； 重要交通干线沿线 0.5km 及一般交通线 0.1km 内； 距上述污染源更短距离内，但污染源不在积污期主导风上； 包括乡镇工业在内工业废气排放强度不大于每年 1000 万～3000 万 m³/km²（标况下）； 退海轻盐碱和内陆中等盐碱（含盐量于 0.3%～0.6%）地区。 距上述 E3 污染源更远（距离在 b 级污区的范围内），但： 长时间（几个星期或几个月）干旱无雨后，常常发生雾或毛毛雨； 积污期后期可能出现持续大雾或融冰雪地区； 灰密为等值盐密 5～10 倍及以上的地区
重 （d）	人口密度大于 10000 人/km² 的居民区和交通枢纽，且： 距海、沙漠或开阔干地 3km 内； 距独立化工及燃煤工业源 0.5～2km 内； 重盐碱（含盐量 0.6%～1.0%）地区。 距比 E5 上述污染源更长的距离（与 c 级污区对应的距离），但： 在长时间干旱无雨后，常常发生雾或毛毛雨； 积污期后期可能出现持续大雾或融冰雪地区； 灰密为等值盐密 5～10 倍以上的地区
非常重 （e）	沿海 1km 和含盐量大于 1.0% 的盐土、沙漠地区，在化工、燃煤工业源内及距此类独立工业园 0.5km，距污染源的距离等同于 d 级污区，且： 直接受到海水喷溅或浓盐雾； 同时受到工业排放物如高电导废气、水泥等污染和水汽湿润的地区
注 1：a 台风影响可能使距海岸 50km 以外的更远距离处测得较高的等值盐密值。 注 2：b 在当前大气环境条件下，我国中东部地区电网不宜设"非常轻"污秽区。 注 3：c 取决于沿海的地形和风力。	

架空配电线路与铁路、道路、通航河流、管道、索道及各种架空线路交叉或接近的基本要求见表B.1。

附 录 B
（规范性附录）

线路间及与其他物体之间的距离

表B.1 架空配电线路与铁路、道路、通航河流、管道、索道及各种架空线路交叉或接近的基本要求　　单位：m

项目	铁路			公路		电车道	河流		弱电线路		电力线路 kV						管道、索道		人行天桥
	标准轨距	窄轨	电气化线路（城市轨道交通）	高速公路、一级公路	二、三、四级公路	有轨及无机	通航	不通航	一、二级	三级	1以下	1~10	35	110	220	500	特殊管道	一般管道索道	
导线最小截面	铝线及铝合金线50mm²，铜线为16mm²（不小于相邻线路段导线截面）																		
导线在跨越档内的接头	不应接头	不应接头	—	不应接头	—	不应接头	不应接头	—	不应接头	不应接头	交叉不应接头	交叉不应接头	—	—	—	—	不应接头	—	—
导线支持方式	双固定	双固定	—	双固定	单固定	双固定	双固定	单固定	单固定	—	单固定	双固定	—	—	—	—	双固定	双固定	—
最小垂直距离　项目/线路电压	至轨顶	接触线或承力索	平原地区配电线路入地	至路面	至路面	至承力索或接触线　至路面	至最高航行水位的最高船舶顶　至常年高水位	至最高洪水位　冬季至冰面	至被跨越线	至被跨越线	至导线	至导线	至导线	至导线	至导线	至导线	电力线在下面	电力线在下面　至电力线上的保护措施	导线至人行天桥面
10kV	7.5	6.0		7.0	7.0	3.0/9.0	6.0　1.5	3.0　5.0	2.0	2.0	2	2	3	3	4	8.5	3.0	2.0/2.0	5

表 B.1（续）

项目	铁路			公路		电车道	河流		弱电线路	电力线路 kV						特殊管道	一般管道、索道	人行天桥
	标准轨距	窄轨	电气化线路（城市轨道交通）	高速公路、一级公路	二、三、四级公路	有轨及无轨	通航	不通航	一、二、三级	1以下	1～10	35	110	220	500	特殊管道	一般管道、索道	人行天桥
最小垂直距离（1kV以下）	7.5	6.0		6.0	6.0	3.0/9.0	6.0	3.0/5.0	1.0	1	2	3	3	4	8.5	1.5/1.5		4
最小水平距离 m（测量位置说明）	电杆外缘至轨道边缘		平原地区配电线路入地	电杆中心至路面边缘		电杆中心至路面边缘／电杆外缘至轨道中心	与河堤平等的线路，边导线至坡上缘		在路径受限制地区，两线路边导线间	在路径受限制地区，两线路边导线间何部分						在路径受限制地区，管索道任何部分		导线边线至人行天桥边缘
最小水平距离（10kV）	交叉：5.0；平行杆高+3.0			0.5		0.5/3.0	最高电杆高度		2.0	2.5	2.5	5.0	5.0	7.0	13.0	2.0		4.0
最小水平距离（1kV以下）	平行杆高+3.0			0.5		0.5/3.0			1.0	2.5						1.5		2.0

备注：
- 铁路：山区入地困难时，应协商，并签订协议。
- 公路：公路分级见表 B.6，城市道路的分级参照公路的规定。
- 河流：最高洪水抢险船只航行时，有抗洪抢险船只航行的河流，垂直距离应由当地协商决定。
- 弱电线路：1. 两平行线路在开阔地区的水平距离应小于电杆高度；2. 弱电线路分级见表 B.7。
- 电力线路：两平行线路开阔地区，应小于电杆高度。
- 管道、索道：1. 特殊管道指地面上输送易燃、易爆物的管道；2. 交叉点不应选择管槽井（孔）处，与管道、索道交叉平行时，管、索道应接地。

注1：架空配电线路与一、二、三级弱电线路、与公路交叉，导线支持方式不限制；
注2：架空配电线路与弱电线路交叉时，交叉挡弱电线路的木质电杆应有防雷措施；
注3：1～10kV电力接户线与自用工业企业内自用电压等级的同电压等级的架空电力线路的河流；
注4：不能通航河流指不能通航也不能浮运的河流；
注5：对路径受限制地区的最小水平距离应符合 JTJ 001 的规定。
注6：公路等级应符合 JTJ 001 的规定。

架空线路导线间的最小允许距离见表 B.2。

表 B.2　架空线路导线间的最小允许距离　　　　单位：m

档距	40 及以下	50	60	70	80	90	100
裸导线	0.6	0.65	0.7	0.75	0.85	0.9	1.0
绝缘导线	0.4	0.55	0.6	0.65	0.75	0.9	1.0
注：考虑登杆需要，接近电杆的两导线间水平距离不宜小于 0.5m。							

架空线路与其他设施的安全距离限制见表 B.3。

表 B.3　架空线路与其他设施的安全距离限制　　　　单位：m

项　　目		10kV	
		最小垂直距离	最小水平距离
对地距离	居民区	6.5	—
	非居民区	5.5	—
	交通困难区	4.5（4）	—
与建筑物		3.0（2.5）	1.5（0.75）
与行道树		1.5（0.8）	2.0（1.0）
与果树，经济作物，城市绿化，灌木		1.5（1.0）	—
甲类火险区		不允许	杆高 1.5 倍
注 1：垂直（交叉）距离应为最大计算弧垂情况下；水平距离应为最大风偏情况下。			
注 2：括号内为绝缘导线的最小距离。			

架空线路其他安全距离限制见表 B.4。

表 B.4　架空线路其他安全距离限制　　　　单位：m

项　　目	10kV
导线与电杆、构件、拉线的净空距离	0.2
每相的过引线、引下线与邻相的过引线、引下线、导线之间的净空距离	0.3

电缆与电缆或管道、道路、构筑物等相互间允许最小净距见表 B.5。

表 B.5　电缆与电缆或管道、道路、构筑物等相互间允许最小净距　　　　单位：m

电缆直埋敷设时的配置情况		平行	交叉
控制电缆间		—	0.5*
电力电缆之间或与控制电缆之间	10kV 及以下	0.1	0.5*
	10kV 以上	0.25**	0.5*

表 B.5（续）

电缆直埋敷设时的配置情况		平行	交叉
不同部门使用的电缆间		0.5**	0.5*
电缆与地下管沟及设备	热力管沟	2.0**	0.5*
	油管及易燃气管道	1.0	0.5*
	其他管道	0.5	0.5*
电缆与铁路	非直流电气化铁路路轨	3.0	1.0
	直流电气化铁路路轨	10.0	1.0
电缆与建筑物基础		0.6***	—
电缆与公路边		1.0***	
电缆与排水沟		1.0***	
电缆与树木的主干		0.7	
电缆与 1kV 以下架空线电杆		1.0***	
电缆与 1kV 以上架空线杆塔基础		4.0***	

注：*用隔板分隔或电缆穿管时可为 0.25m；**用隔板分隔或电缆穿管时可为 0.1m；***特殊情况可酌减且最多减少一半值。

公路等级见表 B.6。

表 B.6 公 路 等 级

高速公路为专供汽车分向、分车道行驶并全部控制出入的干线公路	四车道高速公路一般能适应按各种汽车折合成小客车的远景设计年限年平均昼夜交通量为 25000～55000 辆； 六车道高速公路一般能适应按各种汽车折合成小客车的远景设计年限年平均昼夜交通量为 45000～80000 辆； 八车道高速公路一般能适应按各种汽车折合成小客车的远景设计年限年平均昼夜交通量为 60000～100000 辆
一级公路为供汽车分向、分车道行驶的公路	一般能适应按各种汽车折合成小客车的远景设计年限年平均昼夜交通量为 15000～30000 辆。为连接重要政治、经济中心，通往重点工矿区、港口、机场，专供汽车分道行驶并部分控制出入的公路
二级公路	一般能适应按各种车辆折合成中型载重汽车的远景设计年限年平均昼夜交通量为 3000～15000 辆，为连接重要政治、经济中心，通往重点工矿、港口、机场等的公路
三级公路	一般能适应按各种车辆折合成中型载重汽车的远景设计年限年平均昼夜交通量为 1000～4000 辆，为沟通县以上城市的公路
四级公路	一般能适应按各种车辆折合成中型载重汽车的远景设计年限年平均昼夜交通量为双车道 1500 辆以下，单车道 200 辆以下，为沟通县、乡（镇）、村等的公路

弱电线路等级见表 B.7。

表 B.7　弱 电 线 路 等 级

一级线路	首都与各省（直辖市）、自治区所在地及其相互联系的主要线路；首都至各重要工矿城市、海港的线路以及由首都通达国外的国际线路；由政府部门指定的其他国际线路和国防线路；铁道部门与各铁路局之间联系用的线路，以及铁路信号自动闭塞装置专用线路
二级线路	各省（直辖市）、自治区所在地（市）、县及其相互间的通信线路；相邻两省（自治区）各地（市）、县相互间的通信线路；一般市内电话线路；铁路局与各站、段相互间的线路，以及铁路信号闭塞装置的线路
三级线路	区（县）至乡（镇）的线路和两对以下的城郊线路；铁路的地区线路及有线广播线路

附 录 C

红外热像仪现场检测方法和工作标准

C.1 工作内容

采用红外热成像仪对配电线路及设备缺陷进行检测，通过现场拍摄获取设备的红外热像，发现配电线路各个部分的异常发热，提前预防因设备老化或接触不良等原因而引起的发热故障，提高线路运行的可靠性。

C.2 工作周期

检测周期应根据电气设备在电力系统中的作用及重要性，并参照设备的电压等级、负荷电流、投运时间、设备状况等决定。

输电线路的检测一般在大负荷前进行。对正常运行的 10kV 架空线路，每年检测一次。

新投产和做相关大修后的线路，应在投运带负荷后不超过一个月（但至少 24h 以后）进行一次检测。

对于线路上的瓷绝缘子及合成绝缘子，有条件和经验的也可进行检测。

对正常运行的电缆线路设备，主要是电缆终端，10kV 电缆每年至少检测一次。

对重负荷线路，运行环境差时应适当缩短检测周期；重大事件、重大节日、重要负荷以及设备负荷突然增加等特殊情况应增加检测次数。

C.3 检测仪器的使用维护

（1）使用前要检查仪器的完好情况，电池电量是否充足。

（2）使用后应及时将存储的红外和可见光照片导出并保存好至电脑或大容量存储器内。

（3）使用后仪器应擦干净放入仪器密封箱内，应由专人负责保管。

（4）定期对仪器设备进行保养及校准，对损坏仪器及时与厂家联系进行处理。具体示范见图 C.1、图 C.2。

图 C.1　红外热像仪外观检查　　　　图 C.2　红外热像仪的使用

C.4 现场操作方法

C.4.1 一般检测

（1）仪器在开机后需进行内部温度校准，待图像稳定后即可开始工作。

（2）一般先远距离对所有被测设备进行全面扫描，发现异常后，再有针对性地近距离对异常部位和重点被测设备进行准确检测。

（3）仪器的色标温度量程宜设置在比环境温度高10K～20K的温升范围。

（4）有伪彩色显示功能的仪器，宜选择彩色显示方式，调节图像使其具有清晰的温度层次显示，并结合数值测温手段，如热点跟踪、区域温度跟踪等手段进行检测。

（5）应充分利用仪器的有关功能，如图像平均、自动跟踪等，以达到最佳检测效果。

（6）环境温度发生较大变化时，应对仪器重新进行内部温度校准，校准方法按仪器的说明书进行。

（7）作为一般检测，被测设备的辐射率一般取0.9左右。

C.4.2 精确检测

（1）检测温升所用的环境温度参照体应尽可能选择与被测设备类似的物体，且最好能在同一方向或同一视场中选择。

（2）在安全距离允许的条件下，红外热成像仪器宜尽量靠近被测设备，使被测设备（或目标）尽量充满整个仪器的视场，以提高仪器对被测设备表面细节的分辨能力及测温准确度，必要时，可使用中、长焦距镜头。

（3）线路检测一般需使用中、长焦距镜头。为了准确测温或方便跟踪，应事先设定几个不同的方向和角度，确定最佳检测位置，并可作上标记，以供今后的复测用，提高互比性和工作效率。

（4）正确选择被测设备的辐射率，特别要考虑金属材料表面氧化对选取辐射率的影响。

（5）将大气温度、相对湿度、测量距离等补偿参数输入，进行必要修正，并选择适当的测温范围。

（6）记录被检设备的实际负荷电流、额定电流、运行电压，被检物体温度及环境参照体的温度值。

C.5 检测设备的种类及缺陷设备诊断判据

电流、电压致热型设备种类及缺陷诊断判据见表C.1、表C.2。

表C.1 电流致热型设备种类及缺陷诊断判据

设备类别和部位		热像特征	故障特征	缺陷性质			处理建议	备注
				一般缺陷	严重缺陷	危急缺陷		
电气设备与金属部件的连接	接头和线夹	以线夹和接头为中心的热像，热点明显	接触不良	温差不超过15K，未达到严重的缺陷要求	热点温度80℃或相对温差δ≥80%	热点温度>110℃或δ≥95%		
金属部件与金属部件的连接	接头和线夹	以线夹和接头为中心的热像，热点明显	接触不良	温差不超过15K，未达到严重的缺陷要求	热点温度90℃或δ≥80%	热点温度>130℃或δ≥95%		
金属导线		以导线为中心的热像，热点明显	松股、断股、老化或截面积不够	温差不超过15K，未达到严重的缺陷要求	热点温度80℃或δ≥80%	热点温度>110℃或δ≥95%		

表 C.1（续）

设备类别和部位		热像特征	故障特征	缺陷性质			处理建议	备注
				一般缺陷	严重缺陷	危急缺陷		
输电导线的连接器（耐张线夹、接续管、修补管、并沟线夹、跳线线夹、T形线夹、设备线夹等）		以线夹和接头为中心的热像，热点明显	接触不良	温差超过15K但未达到重要缺陷的要求	热点温度90℃或δ≥80%	热点温度130℃或δ≥95%		
刀闸	转头	以转头为中心的热像	转头接触不良或断股	温差超过15K但未达到重要缺陷的要求	热点温度90℃或δ≥80%	热点温度130℃或δ≥95%		
	刀口	以刀口压接弹簧为中心的热像	弹簧压接不良	温差超过15K但未达到重要缺陷的要求	热点温度90℃或δ≥80%	热点温度130℃或δ≥95%	测量接触电阻	
断路器	动静触头	以顶帽和下法兰为中心的热像，顶帽温度大于下法兰温度	压指压接不良	温差不超过10K，但未达到重要缺陷要求	热点温度>55℃或δ≥80%	热点温度>80℃或δ≥95%	测量接触电阻	
	中间触头		压指压接不良	温差不超过10K，但未达到重要缺陷要求	热点温度>55℃或δ≥80%	热点温度>80℃或δ≥95%	测量接触电阻	
电流互感器	内连接	以串并联出线头或大螺栓出线夹为最高温度的热像或以顶部铁帽发热为特征	螺杆接触不良	温差不超过10K，但未达到重要缺陷要求	热点温度>55℃或δ≥80%	热点温度>80℃或δ≥95%	测量一次回路电阻	
套管	柱头	以套管顶部柱头为最热的热像	柱头内部并线压接不良	温差不超过10K，但未达到重要缺陷要求	热点温度>55℃或δ≥80%	热点温度>80℃或δ≥95%		
电容器	熔丝	以熔丝中部靠电容侧为最热的热像	熔丝容量不够	温差不超过10K，但未达到重要缺陷要求	热点温度>55℃或δ≥80%	热点温度>80℃或δ≥95%	检查熔丝	
	熔丝座	以熔丝座为最热的热像	熔丝与熔丝座之间接触不良	温差不超过10K，但未达到重要缺陷要求	热点温度>55℃或δ≥80%	热点温度>80℃或δ≥95%	检查熔丝座	

表 C.2　电压致热型设备种类及缺陷诊断判据

设备类别		热像特征	故障特征	温差	处理建议	备注
电流互感器	10kV浇注式	以本体为中心整体发热	铁芯短路或局放增大	4K	进行伏安特性或局放试验	
	油浸式	以瓷套整体温升增大，且瓷套上部温度偏高	介损偏大	2K～3K	进行介损、油色谱、油中含水测量	

表 C.2（续）

设备类别		热像特征	故障特征	温差	处理建议	备注
电压互感器（含电容式电压互感器的互感器部分）	10kV浇注式	以本体为中心整体发热	铁芯短路或局放增大	4K	进行伏安特性或局放试验	
	油浸式	以整体温升偏高，且中上部温度高	介损偏大、匝间短路或铁芯损耗增大	2K～3K	进行介损、油色谱、油中含水测量	
耦合电容器	油浸式	以整体温升偏高或局部过热，且发热符合自上而下递减规律	介损偏大，电容量变化、老化或局放	2K～3K	进行介损测量	
移相电容器		热像一般以本体上部为中心的热像图，正常热像最高温度一般在宽免垂直平分线的2/3高度左右，其表面温升略高，整体发热或局部发热	介损偏大，电容量变化、老化或局放	2K～3K	进行介损测量	
高压套管		热像特征呈现以套管整体发热热像	介损偏大	2K～3K	进行介损测量	
		热像为对应部位呈现局部发热区故障	局放故障油路或气路的堵塞	2K～3K		
充油套管	瓷瓶柱	热像特征是以油面处为最高温度的热像，油面有一明显的水平分界线	缺油			
氧化锌避雷器	10kV～60kV	正常为整体轻微发热，较热点一般在靠近上部且不均匀，多节组合从上到下各节温度递减，引起整体发热或局部发热为异常	阀片受潮或老化	0.5K～1K	进行直流和交流试验	
绝缘子	瓷绝缘子	正常绝缘子串的温度分布不同电压分布规律，即呈现不对称的马鞍形，相邻绝缘子温差很小，以铁帽为发热中心的热像图，其比正常绝缘子温度高	低值绝缘子发热（绝缘电阻在10MΩ～300MΩ）	1K		
		发热温度比正常绝缘子要低，热像特征与绝缘子相比，呈暗色调	零值绝缘子发热（绝缘电阻在0MΩ～10MΩ）	1K		
		其热像特征是以瓷盘（或玻璃盘）为发热区的热像	于表面污秽引起绝缘子泄露电流增大	0.5K		
	合成绝缘子	在绝缘良好和绝缘劣化的结合处出现局部过热，随时间的延长，过热部位会移动	伞裙破损或芯棒受潮球头部位松脱、进水	0.5K～1K		
		球头部位过热				

设备类别		热像特征	故障特征	温差	处理建议	备注
电缆终端		整个电缆头为中心的热像	电缆头受潮、劣化或气隙	0.5K～1K		
		以护层接地连接为中心的发热热像	接地不良	5K～10K		
		伞裙局部区域过热	内部可能有局部放电	0.5K～1K		
		根部有整体性过热	内部介质受潮或性能异常	0.5K～1K		

C.6 缺陷设备的状态判断和处理方法

C.6.1 判断方法

C.6.1.1 表面温度判断法

主要适用于电流致热型和电磁效应引起发热的设备。根据测得的设备表面温度值，对照高压开关设备和控制设备各种部件、材料和绝缘介质的温度和温升极限的有关规定，并结合环境气候条件、负荷大小进行分析判断。

C.6.1.2 同类比较判断法

根据同组三相设备、同相设备之间及同类设备之间对应部位的温差进行比较分析。对于电压致热型设备，应结合 C.6.1.3 进行判断；对于电流致热型设备，应结合 C.6.1.4 进行判断。

C.6.1.3 图像特征判断法

主要适用于电压致热型设备。根据同类设备的正常状态和异常状态的热像，判断设备是否正常。注意应尽量排除各种干扰因素对图像的影响，必要时结合电气试验或化学分析的结果，进行综合判断。

C.6.1.4 相对温差判断法

主要适用于电流致热型设备，特别是对小负荷电流致热型设备，采用相对温差判断法可降低小负荷缺陷的漏判率。

C.6.1.5 档案分析判断法

分析同一设备不同时期的温度场分布，找出设备致热参数的变化，判断设备是否正常。

C.6.1.6 实时分析判断法

指在一段时间内使用红外热像仪连续检测某被测设备，观察设备温度随负载、时间等因素变化的方法。

C.6.2 处理方法

红外检测发现的设备过热缺陷应纳入设备缺陷管理制度的范围，按照设备缺陷管理流程进行处理。根据过热缺陷对电气设备运行的影响程度，一般分为以下三类。

C.6.2.1 一般缺陷：指设备存在过热，有一定温差，温度场有一定梯度，但不会引起事故，一般要求记录在案。注意观察其缺陷的发展，利用停电检修机会，有计划地安排试验检修消除缺陷。当发热点温升值小于 15K 时，不宜采用表 C.1 的规定确定设备缺陷的性质。对于负荷率小、温升小但相对温差大的设备，如果负荷有条件或机会改变时，可在增大负荷电流后

进行复测，以确定设备缺陷的性质，当无法改变时，可暂定为一般缺陷，加强监视。

C.6.2.2　严重缺陷：指设备存在过热，程度较重，温度场分布梯度较大，温差较大，应尽快安排处理。对电流致热型设备，应采取必要的措施，如加强检测等，必要时降低负荷电流；对电压致热型设备，应加强监测并安排其他测试手段，缺陷性质确认后，立即采取措施消缺。

C.6.2.3　危急缺陷：指设备最高温度超过 GB/T 11022《高压开关设备和控制设备标准的共用技术要求》规定的最高允许温度，应立即安排处理。对电流致热型设备，应立即降低负荷电流或立即消缺；对电压致热型设备，当缺陷明显时，应立即消缺或退出运行，如有必要，可安排其他试验手段，进一步确定缺陷性质。

C.7　检测报告和记录

（1）红外检测测试记录和诊断报告、检修报告应详细、全面和妥善保管，并建立红外数据库，将红外诊断纳入本单位设备信息管理系统中进行管理。

（2）红外检测报告应包含仪器型号、出厂编号、检测日期、检测环境条件、检测地点、检测人员、设备名称、缺陷部位、缺陷性质、负荷、图像资料、诊断结果及处理意见等内容。

（3）现场应详细了解和记录缺陷的相关资料，并及时提出检测诊断报告。电气设备红外检测报告和电气设备现场检测记录可参照表 C.5 和表 C.6 的格式样本。

（4）对记录的数据和图像及时编号存档，诊断结论和处理结果要求登记在案，缺陷和异常及时上报主管部门。

（5）建立本单位的红外图谱库及检测台账，并可将 220kV～500kV 避雷器、电容式电压互感器、电流互感器、变压器、套管和电缆头等设备正常状态下热像图输入，每年录入一次。同时将缺陷情况建立子库，进入单位设备信息管理系统。

C.8　10kV 架空线路设备红外检测典型案例

C.8.1　案例简介

2013 年 5 月 15 日，国网北京电科院利用红外热像仪（T330）检测发现"10kV××路21775002 杆"上部绝缘子中相引线严重过热，后经处理后现象消失。

C.8.2　测试结果

测试结果见图 C.3～图 C.6 及表 C.3、表 C.4。

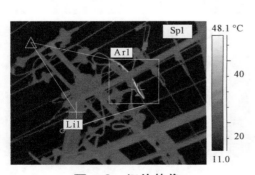

图 C.3　红外热像

图 C.4　可见光照片

C.8.3　分析及结论

从红外热像可以发现，该导线整体发热，而且无论是表面绝对温度（73.8℃），还是与其他导线的相对温差（98%）都比较大，根据 DL/T 664—2008《电力设备红外诊断应用规范》，应为严重缺陷。同时，从线温分布图可以发现，其下部设备三相连线温度分布较均匀，都在22℃左右。应检测其发热导线连接等情况。

表 C.3 测量参数

辐射率	0.90
反射表像温度	20.0℃
大气温度	24.0℃
相对湿度	68.0%

表 C.4 测量结果

Ar1 最高温度	73.8℃
Sp1 温度	20.9℃
Li1 最高温度	22.0℃
相对温差值	98%

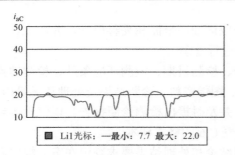

图 C.5 线温分布图

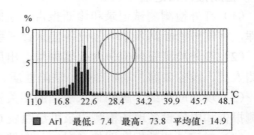

图 C.6 区域 AR01 直方图

C.9 其他设备红外检测典型照片

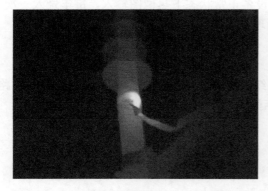

图 C.7 电缆屏蔽层发热，电场不均匀

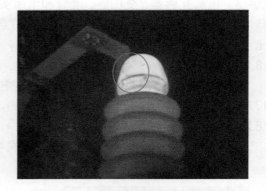

图 C.8 电缆接头发热，连接不良

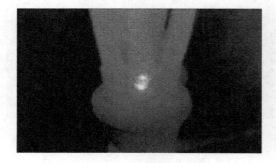

图 C.9 10kV 油纸电缆接头发热，
终端电容放电

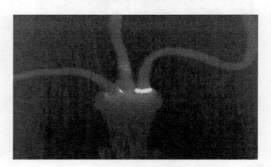

图 C.10 10kV 油纸电缆接头发热，
分相处电容放电

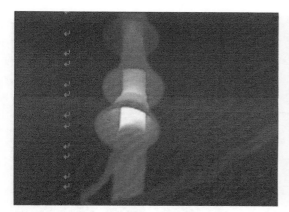

图 C.11 电缆头包接不良，发热

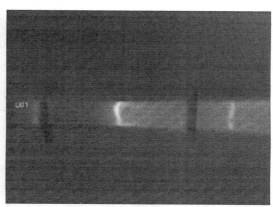

图 C.12 穿墙套管异常发热，套管浇注问题

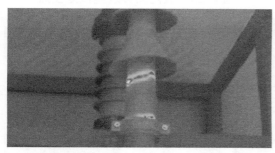

图 C.13 电缆护套受损，发热

图 C.14 35kV 电缆接头发热，接触不良

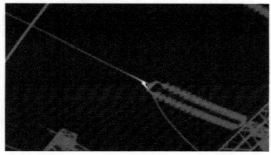

图 C.15 220kV 线夹发热，接触不良

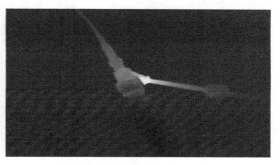

图 C.16 隔离开关内转头发热，接触不良

图 C.17 线路夹头发热，接触不良

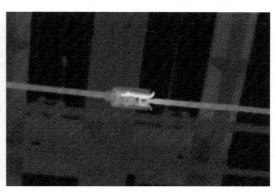

图 C.18 隔离开关刀口发热,刀口弹簧压接触不良

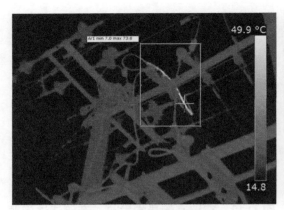

图 C.19　中相接线发热

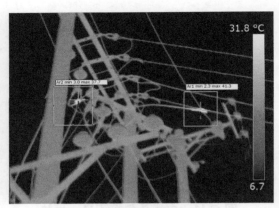

图 C.20　最内侧导线连接处发热

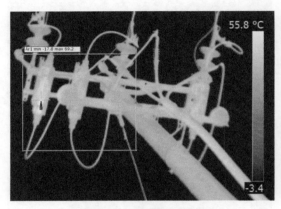

图 C.21　绝缘子发热

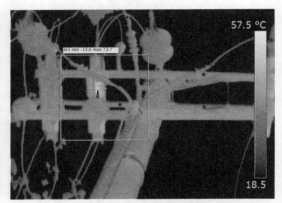

图 C.22　10kV 架空线路发热

附　录　D

（资料性附录）
超声波带电检测装置现场检测方法和管理工作标准

D.1　工作内容

采用超声波带电检测诊断装置对配电线路设备和绝缘子缺陷的检测，通过采集超声波信号音的特性来检测配电线路电气局部放电（电晕）、高压电弧、打火、电火花、漏电痕迹、绝缘老化等设备故障隐患，提前预防因线路设备绝缘下降或局放等原因而引起的故障，提高线路运行的可靠性。

D.2　工作周期

（1）定期检测：按照每季度一次进行检测，对全线路进行检测（可根据每单位的实际情况和条件制定）。

（2）临时检测：随时按照实际情况进行检测，对故障多发的线路和重点线路进行检测。

D.3　检测仪器的使用维护

（1）使用前要检查仪器的完好情况，工具附件是否齐全，电池电量是否充足。

（2）使用后仪器应擦干净放入仪器密封箱内，妥善保存。

（3）定期对仪器设备进行保养及校准，对损坏仪器及时与厂家联系进行处理。

D.4　工作流程

D.4.1　检测人员携带车载移动便携式 WUD-011 型超声波带电检测装置，顺线路以低于 30km/h 速度移动，对配电线路的设备和绝缘子进行扫描式检测，具体流程图如图 D.1 所示。

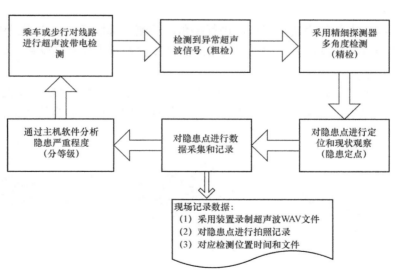

图 D.1　超声波检测工作流程

D.4.2　检测流程分为以下四个阶段。

（1）第 1 阶段：广域诊断。

（2）第2阶段：具体诊断。

（3）第3阶段：状态分析。

（4）第4阶段：判断劣化程度。

D.4.2.1　广域诊断（见图 D.2）

（1）车载检测：以 **30km/h** 以下速度沿着线路方向进行扫描式检测。

（2）步行检测：如遇到车辆不便地方，采取步行检测。

注：车载检测时，应开启应急灯，如需要停车时，应在安全的地方停车。

（a）车载检测　　　　　　　　　（b）步行检测

图 D.2　广域诊断方式

（3）将检测器的中心对着检测设备进行扫描检测超声波信号。由于超声波信号有良好的方向性，因此沿着线路移动检测时，需要从正面及后面检测。如从线路前方经过时，对正面进行检测，通过线路后，回头对后面进行检测。

D.4.2.2　具体诊断。

（1）在检测到放电的超声波声音后，进行多角度检测，选取超声波声音最强位置进行准确定位。超声波声音和分贝值最大的位置所指向的具体设备即为有缺陷设备，如图 D.3 和图 D.4 所示。

（2）将检测到的设备用高倍望远镜进行详细外观状态观察，确定判断设备的外观状态后，对电杆编号、有缺陷的设备和电杆整体进行拍照，保存影像文件，做为检测报告和数据库管理资料，如图 D.5 所示。

图 D.3　诊断方法示例

图 D.4　操作方法示例

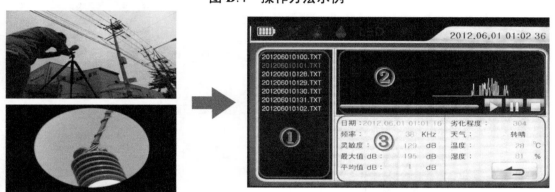

图 D.5　留档和保存

D.4.2.3　状态分析（缺陷程度等级说明）。

（1）劣化程度在 0dB～10dB 间为"一般缺陷"：被检设备可继续运行，等级为绿色。

（2）劣化程度在 11dB～30dB 间为"严重缺陷"：被检设备需要加强监控，6 个月内还需要进行检测，看缺陷程度是否有发展的趋势，若有发展，则需要进行检修或更换，等级黄色。

（3）劣化程度在 31dB 以上为"危急缺陷"：被检设备需要近期进行检修或更换，等级为红色。

D.4.2.4　检测报告（见图 D.6）。

D.5　不同工作环境条件的工作须知

D.5.1　天气条件

（1）晴天：是各种缺陷设备和绝缘子的放电量相对较少的环境条件，利于检测准确性。

（2）阴天：是各种缺陷设备和绝缘子的放电量相对增大的环境条件，利于发现微小缺陷。

（3）雨前：是放电量较大的环境条件，可明显确认缺陷状态。

（4）雨后：雨后在设备和绝缘子的表面上残留的雨水会影响超声波信号的传出，因此应雨水干涸后进行检测。

（5）雪后：雪后在设备和绝缘子的表面上残留的冰雪会影响超声波信号的传出，因此应冰雪消融后进行检测。

注：雨天和雪天不能进行检测。

D.5.2　区域环境

（1）山区：在山区进行步行检测，树木接触电缆和雷击引发绝缘破损的现象较多，但污秽引发放电的现象较少。

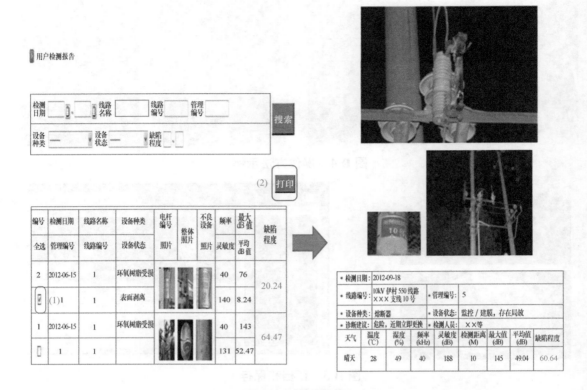

用户检测报告

| 检测日期 | | 线路名称 | 线路编号 | 管理编号 | 搜索 |
| 设备种类 | 设备状态 | 缺陷程度 | | | |

(2) 打印

编号 全选	检测日期 管理编号	线路名称 线路编号	设备种类 设备状态	电杆编号 照片	整体 照片	不良设备 照片	频率 灵敏度	最大dB值 平均dB值	缺陷程度
2	2012-06-15	1	环氧树脂受损				40	76	20.24
☑	(1)1	1	表面剥离				140	8.24	
1	2012-06-15	1	环氧树脂受损				40	143	64.47
☐		1					131	52.47	

检测日期：2012-09-18								
线路编号：10kV 伊村 550 线路 ×××支线10号			管理编号：5					
设备种类：熔断器			设备状态：监控/建膜，存在局放					
诊断建议：危险，近期立即更换			检测人员：××等					
天气	温度(℃)	湿度(%)	频率(kHz)	灵敏度(dB)	检测距离(M)	最大值(dB)	平均值(dB)	缺陷程度
晴天	28	49	40	188	10	145	49.04	60.64

图 D.6　检测报告

（2）沿海地区：沿海地区的盐分和海风较大，因此经常发生设备和绝缘子的侵蚀现象。

（3）干燥地区：在干燥地区的设备和绝缘子存在表面异物和污秽较为严重。

（4）潮湿地区：在夜间和早晨湿度大，因此设备和绝缘子在此时间易发生接地故障。

（5）沙尘频繁地区：设备和绝缘子的表面异物和污秽严重的地区，可进行雨后检测。

（6）雷击频繁地区：设备和绝缘子的破损经常导致接地故障和短路故障发生，在首次或多次雷击接地故障发生之后，即使线路正常恢复，但放电或漏电缺陷现象还存在，因此应对全线路进行检测。

（7）矿山地区：设备和绝缘子的表面异物和污秽恶劣的地区，可进行雨后检测。

D.5.3　线路类型

D.5.3.1　按影响范围分类

（1）主干线路：如发生线路故障，其影响较广泛，需对全线路进行检测。

（2）支线线路：是线路分界点，如发生线路故障可以影响主干线路和变电站，因此对全线进行检测。

（3）负荷线路：是设备和绝缘子的缺陷因素和故障隐患最多的地点。但负荷侧线路因为责任分界点，一般不太重视线路管理和检测工作。如在负荷侧发生故障，也会直接影响主干线路和变电站，在线路检测时一定要着重于负荷侧设备和绝缘子的检测。

D.5.3.2 按区域分类

（1）城区线路：大多数为支线线路和负荷侧线路，其线路短，宜乘车或步行进行检测线路。

（2）农村线路：其线路长和广泛，宜乘车进行检测线路。

D.5.3.3 按问题隐患严重程度分

（1）树害严重线路：频繁发生树叶接触电缆和绝缘子的放电现象，在车辆检测时尽量减少车速。

（2）设备密集线路：在车载检测时尽量减慢车速。

（3）多层交叉线路：在车载检测时尽量减慢车速。在具体检测时，能够检测到具体放电的范围，但不能准确定位，因此需用带电绝缘车靠近设备进行准确定位。

D.5.4 接地故障发生后

（1）变电站外线路：在发生接地故障时，在线路上一定存在缺陷因素，因此应对全线路进行检测。

（2）变电站内线路：在检测全线路后，如仍找不到故障隐患，也应对变电站内设备和绝缘子进行检测。在接地故障发生之后不能排除检测变电站内。

注：设备和绝缘子的制造不良或保管不善等原因也可以导致放电缺陷，因此首次安装设备和绝缘子时按照规定做试验后进行安装，投运后应进行超声波检测。

D.6 设备种类

带电检测设备种类和放电缺陷见表 D.1。

表 D.1 带电检测设备种类和放电缺陷

序号	设备种类	放电缺陷
1	悬式绝缘子	雷击击穿，裂纹，炭化，侵蚀，表面污秽
2	针式绝缘子	雷击击穿，裂纹，炭化，侵蚀，表面污秽
3	跌落式熔断器	熔管裂纹，绝缘极柱裂纹，导电连接，连接线侵蚀
4	避雷器	雷击击穿，炭化，表面污秽
5	负荷开关	套管裂纹，套管污秽，每相连接电缆
6	断路器	套管裂纹，套管污秽，每相连接电缆
7	变压器	套管裂纹，套管污秽，每相连接电缆，内部异常振动
8	线夹	接触不良，连接电缆侵蚀
9	隔离开关	套管裂纹，套管污秽，接触不良
10	导体接线	连接电缆侵蚀
11	树木接触	树叶接触电缆
12	鸟窝	鸟窝的异物（铁丝类）接触设备和绝缘子
13	电缆终端	屏蔽处理不善，表面炭化，表面污秽，雷击击穿
14	连接电缆	电缆腐蚀/侵蚀，电缆接触不良
15	电缆附件（分支箱/美式环网柜）	电源 TV 连接附件，导电连接附件
16	其他	导电金属接触不良，螺丝/螺纹松动

D.7　缺陷设备状态的术语及定义（见表 D.2）

表 D.2　缺陷设备状态的术语及定义

序号	缺陷设备状态	术　语　定　义
1	外观正常，存在放电	因表面污染或绝缘子内部问题引起缺陷，设备制造不良也会引起此现象
2	表面污秽	电力设备和绝缘子因外部环境的影响造成污染，此现象会下降绝缘性能
3	表面剥离	因制造不良或外部环境的影响绝缘子脱掉，此现象会降低绝缘性能
4	表面击穿	因绝缘子和电力设备表面的绝缘破坏造成漏电，无法正常通电
5	白化现象	因制造不良或外部环境的影响绝缘子变成白色，此现象会降低绝缘性能
6	无光泽	绝缘子表面的釉灰脱掉，易污染，易沾着异物
7	炭化	电缆或绝缘子因过热和绝缘破坏而造成表面损伤
8	侵蚀	电缆的外皮因绝缘子的绝缘问题或劣化变成侵蚀状态
9	裂纹/破损，存在放电	电缆或绝缘子因外部影响变成裂纹或破损，在此状态下发生放电
10	裂纹/破损，不存在放电	电缆或绝缘子因外部影响变成裂纹或破损，在此状态下不发生放电
11	表面异物	电缆或绝缘子的表面上沾着异物直接影响绝缘性能
12	绝缘护套破损	跌落式熔断器和变压器的绝缘保护套因雷击或电气原因融化成破坏
13	安装不当	不按规定安装或组装，因此存在接触不良现象
14	其他	以上未提及的各种缺陷状态

D.8　缺陷设备的处理方法（见表 D.3）

表 D.3　缺陷设备的处理方法

序号	缺陷设备状态	处　理　方　法
1	外观正常，存在放电	用带电绝缘车靠近设备确定放电后维修更换
2	表面污秽	雨后再次检测
3	表面剥离	用带电绝缘车靠近设备确定放电后维修更换
4	表面击穿	用带电绝缘车靠近设备确定放电后维修更换
5	白化现象	用带电绝缘车靠近设备确定放电后维修更换
6	无光泽	用带电绝缘车靠近设备确定放电后维修更换
7	炭化	用带电绝缘车靠近设备确定放电后维修更换
8	侵蚀	用带电绝缘车靠近设备确定放电后维修更换
9	裂纹/破损，存在放电	用带电绝缘车靠近设备确定放电后维修更换

表 D.3（续）

序号	缺陷设备状态	处 理 方 法
10	裂纹/破损，不存在放电	间歇性放电，用带电绝缘车靠近设备确定放电后处理
11	表面异物	雨后再次检测
12	绝缘护套破损	用带电绝缘车靠近设备确定放电后维修更换
13	安装不当	靠近设备确定放电后处理
14	其他	用带电绝缘车靠近设备确定放电后维修更换

备注： 设备一旦发生放电现象，有可能发展到接地故障或短路故障，因此需按照缺陷程度等级说明的劣化程度进行加强监控或维修处理。

D.9 检测报告和记录

（1）检测报告。

（2）记录单。

（3）摄像记录。

D.10 10kV 架空线路超声波局放检测典型案例

D.10.1 树线放电

（1）案例简介。2013 年 5 月 9 日，国网北京电科院利用配电线路非接触式超声波局放检测仪器检测发现"10kV ××路 YK0097 杆"边相刀闸与树木接触声音异常，根据声音最强方向找到刀闸与树枝搭接位置，后经处理后声音消失。

（2）测试结果。仪器检测中心频率为 40kHz，检测距离为 10cm，显示超声波最大值为 36dB，平均值为 5dB，检测过程中耳机中听到轻微异音，仪器诊断结果该缺陷劣化程度为 14，诊断结果如表 D.4，现场照片如图 D.7 所示。

表 D.4 诊断结果

检测日期		2013-05-19						
线路编号		YK00097		管理编号		1		
设备种类		刀闸		设备状态		边相刀闸保护壳与树木接触声音异常		
诊断建议		一般缺陷，对接触树木进行修剪		检测人员				
天气	温度（℃）	湿度（%）	频率（kHz）	灵敏度（dB）	检测距离（M）	最大值（dB）	平均值（dB）	劣化程度
晴天	22	61	40	120	10	36	5	014

D.10.2 支柱绝缘子放电

（1）案例简介。2013 年 5 月 9 日，国网北京电科院利用配电线路非接触式超声波局放检测仪器（WUD-011）检测发现"10kV××路 56 号杆支 11"支柱绝缘子局部放电缺陷，后在实验室对更换下来的支柱绝缘子进行耐压试验，试验结果验证了超声波检测的正确性。

（2）测试结果。仪器检测中心频率为 40kHz，检测距离为 10cm，显示超声波最大值为 4dB，平均值为 1dB，检测过程中耳机中听到轻微异音，仪器诊断结果该缺陷劣化程度为 2，诊断结果见表 D.5。

图 D.7　现场照片

表 D.5　诊断结果

检测日期				2013-05-19				
线路编号		56 支 11 号杆			管理编号			2
设备种类		柱瓶			设备状态		外观正常，存在局部放电	
诊断建议		一般缺陷，可正常运行，下周期作为重点检测			检测人员			
天气	温度（℃）	湿度（%）	频率（kHz）	灵敏度（dB）	检测距离（M）	最大值（dB）	平均值（dB）	劣化程度
晴天	24	57	40	120	10	4	1	002

（3）实验室验证情况。对检测异常支柱绝缘子进行了加压测试，采用超声仪器现场测试，进一步确认测试结果的真实性和有效性。发现柱瓶表面声音较大位置有明显掉瓷和内部气泡现象。具体试验结果和照片见表 D.6。

表 D.6　试验结果及照片

京石路 56 号杆支 11 号杆保险器下口中相柱式绝缘子（20kMΩ）						
序号	检测距离（m）	温度（℃）	湿度（%）	耐压值（kV）	最大 dB 值（dB）	放电位置
1	5	32	36	5.3	9	
2	5	32	36	6.2	18	
3	5	32	36	6.5	25	
4	5	32	36	7.7	47	
5	5	32	36	9.2	61	
6	5	32	36	10.7	78	
波形						试验照片

附 录 E

（资料性附录）

配电设备运行巡视工序质量控制卡

配电线路运行巡视工序质量控制卡

编写：＿＿＿＿＿＿　　审批：＿＿＿＿＿＿

作业名称：＿＿＿＿＿＿＿

工作票号：＿＿＿＿＿＿＿　　线路名称：＿＿＿＿＿＿＿　　线路段（地址）：＿＿＿＿＿＿

专责人：＿＿＿＿＿＿＿

巡视时间：＿＿＿年＿＿月＿＿日＿＿时＿＿分至＿＿＿年＿＿月＿＿日＿＿时＿＿分　天气：＿＿＿

序号	关键工序	标 准 及 要 求	巡视结果	缺陷情况说明
1	杆塔巡视	杆塔是否倾斜；铁塔有无弯曲、变形、锈蚀；塔材或拉线是否被盗；螺栓有无松动；混凝土杆有无裂纹、酥松、钢筋外露；焊接处有无开裂、锈蚀	□正常； □异常	
		基础有无损坏、下沉或上拔，周围土壤有无挖掘或沉陷；寒冷地区电杆有无冻鼓现象；杆塔位置是否合适；有无被车撞的可能；保护设施是否完好；标志是否清晰	□正常； □异常	
		杆塔有无被水淹、水冲的可能；防护设施有无损坏、坍塌	□正常； □异常	
		杆塔（杆号、相位牌、警告牌等）是否齐全、明显	□正常； □异常	
		杆塔周围有无杂草和蔓藤类植物附生；有无危及安全的鸟巢、风筝及杂物	□正常； □异常	
2	横担及金具	铁横担有无锈蚀、歪斜、变形	□正常； □异常	
		金具有无锈蚀、变形；螺栓是否紧固；有无缺帽；开口销、弹簧销有无锈蚀、断裂、脱落	□正常； □异常	
3	绝缘子	瓷件有无脏物、损坏、裂纹和闪落痕迹	□正常； □异常	
		铁脚、铁帽有无锈蚀、松动、弯曲	□正常； □异常	
4	导线	有无断股、损伤、烧伤的痕迹；在化工等地区的导线有无腐蚀现象	□正常； □异常	
		三相弧垂是否平衡；有无过紧、过松的现象；导线对跨越物的垂直距离是否符合规定；导线对建筑物等的水平距离是否符合规定	□正常； □异常	
		接头是否良好；有无过热现象（如接头变色、导线熔化等）；连接线夹弹簧是否齐全，螺帽是否紧固	□正常； □异常	
		过（跳）引线有无损伤、断股、歪扭，与杆塔、构件及其引线间距离是否符合规定要求	□正常； □异常	

序号	关键工序	标 准 及 要 求	巡视结果	缺陷情况说明
4	导线	导线上有无抛物，固定导线用绝缘子上的绑线有无松弛或开裂现象	□正常； □异常	
		绝缘导线外层有无损伤、变形、龟裂现象	□正常； □异常	
5	防雷设施	避雷器有无裂纹、损伤、闪落现象；表面是否脏污	□正常； □异常	
		避雷器的固定是否牢靠	□正常； □异常	
		引线是否良好、与相邻引线和杆塔构件的距离是否符合规定，垂直安装，固定牢靠，排列整齐，相间距离不小于0.35m	□正常； □异常	
		各部件是否锈蚀，接地端焊接处有无裂纹、脱落	□正常； □异常	
		保护间隙有无烧伤、锈蚀或被外物短接，间隙距离是否符合规定	□正常； □异常	
6	接地装置	接地引下线有无丢失、断股、损伤	□正常； □异常	
		接头接触是否良好，线夹螺栓有无松动、锈蚀	□正常； □异常	
7	拉线、顶杆、拉桩	拉线有无锈蚀、断股或张力分配不均等现象；拉线 UT 线夹或花兰螺丝及螺帽有无被盗现象	□正常； □异常	
		水平拉线对地距离是否符合要求，对路面中心的垂直距离不应小于 6m，在拉线柱处不应小于 4.5m	□正常； □异常	
		拉线绝缘子是否损坏或缺少	□正常； □异常	
		拉线是否妨碍交通或被车撞	□正常； □异常	
		拉线棒（下把）抱箍等金具有无变形、锈蚀	□正常； □异常	
		拉线固定是否牢固、拉线基础周围土壤有无突起、沉陷、缺土等现象	□正常； □异常	
		顶杆、拉桩等有无损坏、开裂、腐蚀等现象	□正常； □异常	
8	沿线环境情况	沿线有无易燃、易爆物品和腐蚀性液体、气体	□正常； □异常	
		有无可能触及导线的铁烟囱、天线等	□正常； □异常	
		周围有无被风刮起危及线路安全的金属薄膜、杂物等	□正常； □异常	
		有无危及线路安全的工程设施（机械、脚手架）	□正常； □异常	

序号	关键工序	标 准 及 要 求	巡视结果	缺陷情况说明
8	沿线环境情况	查明线路附近的爆破工程有无爆破手续，其安全措施是否妥当	□正常； □异常	
		查明防护区内的植物种植情况及导线与树间距离是否符合规定	□正常； □异常	
		线路附近有无射击、放风筝、抛扔异物、堆放柴草和在杆塔、拉线上拴牲畜等	□正常； □异常	
		查明沿线污秽情况	□正常； □异常	
9	沿线环境情况	查明沿线江河泛滥、山洪和泥石流等异常现象	□正常； □异常	
		有无违反《电力设施保护条例》的建筑，如发现线路防护区内有施工迹象，应设法制止	□正常； □异常	
10	总汇缺陷	巡线工作结束后，巡线人员整理现场巡视记录，将缺陷按一般缺陷、重大缺陷、紧急缺陷和永久缺陷进行分类，并按分类记入相关缺陷记录	《电力安全工作规程》4.3	
11	资料归档	整理完善巡视记录资料，归档妥善保管		

配电电缆运行巡视工序质量控制卡

编写：_____ 审批：_____

作业名称：_____
工作票号：_____ 电缆线路名称：_____ 电缆段（地址）：_____
专责人：_____
巡视时间：____年___月___日___时___分至____年___月___日___时___分 天气：

序号	关键工序	标 准 及 要 求	巡视结果	缺陷情况说明
1	电缆线路及管道	电缆线路及设备的标志牌是否齐全、清晰	□正常； □异常	
		电缆线路对应地面有无建筑工地、挖掘痕迹及路线标桩是否完整	□正常； □异常	
		检查工作井设施是否完备，井内有无堆砌杂物，备有管是否堵塞	□正常； □异常	
		人井内电缆在排管及挂钩处，有无磨损现象	□正常； □异常	
2	电缆终端头	电缆终端头带电裸露部分之间及至接地部分的距离是否满足要求	□正常； □异常	
		电缆终端头是否固定牢靠	□正常； □异常	
		对户外与架空线连接的电缆终端头检查是否完整，引出线的接点接头有无发热，对地距离是否满足要求，相色带是否清晰正确，靠近地面部分有无被车辆碰撞痕迹	□正常； □异常	
		检查电缆终端头接地部分是否良好	□正常； □异常	

序号	关键工序	标 准 及 要 求	巡视结果	缺陷情况说明
3	电缆分界室	室内温度是否过高，有无异声、异味，通风口有无堵塞	□正常； □异常	
		照明设备是否完好	□正常； □异常	
		建筑物门、窗等有无损坏，基础有无下沉现象；有无漏雨、渗漏水现象；防小动物设施是否完好、有效	□正常； □异常	
		操作工具是否齐全，电源图板、调度路铭牌是否齐全、清晰	□正常； □异常	
		周围有无威胁安全、影响运行和阻塞检修车辆通行的堆积物等	□正常； □异常	
		SF$_6$环网柜运行是否正常，气压表是否正常，有无漏气、异声等现象	□正常； □异常	
		接地装置连接是否良好，有无锈蚀、损坏等现象	□正常； □异常	
		仪表、带电显示装置、故障指示器等装置的运行是否良好，指示是否正常	□正常； □异常	
4	开闭器（电缆分支箱、分界箱）	开闭器壳体有无锈蚀，箱门开、关是否良好，门锁是否灵活	□正常； □异常	
		操作工具是否齐全，电源图板、调度路铭牌是否齐全、清晰	□正常； □异常	
		环网柜内SF$_6$开关气压表是否正常，有无漏气现象	□正常； □异常	
		开关柜体有无过热现象	□正常； □异常	
		仪表、带电显示装置、故障指示器等装置的运行是否良好，指示是否正常	□正常； □异常	
		带观察孔的箱内电缆附件连接是否良好，有无闪络现象	□正常； □异常	
		基础有无下沉	□正常； □异常	
5	箱变	变压器各部位有无渗漏油现象，油标指示是否正常	□正常； □异常	
		压力释放阀是否完整，有无动作喷油现象	□正常； □异常	
		高低压接头有无接触不良，有无发热现象	□正常； □异常	
		底部有无异物、油迹等	□正常； □异常	
		检查变压器和室内温度计指示温度是否正常	□正常； □异常	
		检查各处保护接地、工作接地装置是否良好	□正常； □异常	

配电站室运行巡视工序质量控制卡

站名： 位号： 巡视人： 年 月 日 时 分 天气：

类别	电压	电流	高压出线负荷（A）			高压出线负荷（A）			低压出线负荷（A）						低压出线负荷（A）					
			调度号	路名	负荷	调度号	路名	负荷	调度号	路名	A	B	C	N	调度号	路名	A	B	C	N
49TV	电压		201			202														
59TV	电压		211			221														
4号低压母线	电压		212			222														
5号低压母线	电压		213			223														
变压器	油面	油温	214			224														
（干式变压器）	（温度）	（室温）	215			225														
1#B			216			226														
2#B			217			227														
直流盘	电压	电流	218			228														
交流电源																				
浮充电																				
控制母线																				
合闸母线																				

表（续）

开闭站、小区及箱式变压器巡视内容（有问题画×无问题画√没有画/）	缺陷内容（记录厂家型号）	开闭站、小区及箱式变压器巡视内容（有问题画×无问题画√没有画/）	缺陷内容（记录厂家型号）
高压开关状况如何		充油设备应无渗漏	
开头上下行线及电缆头有无发热现象		表记指示综测仪是否正常	
		电容器是否投入或正常	
指示灯是否正常（重合闸）		变压器状况如何	
操作差价是否齐全		电容器综测仪是否正常	
五防闭锁是否完毕		单只电池巡检是否正常	
柜内照明是否完好		保护面板指示是否正常	
直流盘状况如何有无接地		变压器温控显示是否正常	
中央信号有无报警、异常		变压器风机是否正常	
相同巡视项	站内音响异味有无异常		
	照明是否完好		
	带电显示器是否完好	备注：	
	SF$_6$站是否有通风设备		
	SF$_6$气体压力指示是否正常		
	低压开关出线有无问题		

附　录　F

（资料性附录）

三相变压器配用熔断器容量

三相变压器配用熔断器容量见表 F.1。

表 F.1　三相变压器配用熔断器容量

变压器容量 kVA	额定电流 A	一次侧		二次侧
		熔断器容量* A	RN1-10 型熔断器容量 A	额定电流 A
20	1.1		3	28.9
30	1.7	6.3	5	43.3
50	2.8	10	7.5	72.2
100	5.7	16	10	144.5
125	7.2	20	15	180
200	11.5	25	20	289
250	14.4	31.5	25	364
315	18.2	40	30	455
320	18.5	40	30	462
400	23.1	50	40	578
500	28.9	50	50	722
560	32.4	50	50	808
630	36.4	63	75	910
800	46.2	80	75	1156
1000	57.8	100		1445
1250	72.3	125		1800
注：*高分熔断器。				

附　录　G
（资料性附录）
倒闸操作票评价统计表

××供电公司

年　　月　　　　　　　　倒闸操作票评价统计表

××班组　　　　　　　　　　　　　　　　　　统计人：

本月编号：　至　　；　　　　　　　　　　　　　　　　　　　共　份					
有效票 共　份	已执行　份 其中许可任务票：　份		合格票 共　份	已执行　份 其中许可任务票：　份	
	未执行　份 其中许可任务票：　份			未执行　份 其中许可任务票：　份	
不合格票份数	共　　　　份		作废票份数	共　　　　份	
本月合格率	％		评价日期	年　月　日	
不合格票编号	不合格票人员归属	不合格理由			
本期存在 的优缺点					
下阶段 改进意见					

附 录 H

（资料性附录）

配电变压器一、二次熔丝（片）选择对照表

配电变压器一、二次熔丝（片）选择对照表见表 H.1。

表 H.1 配电变压器一、二次熔丝（片）选择对照表

相别	容量 kVA	配变额定电流 A		熔丝（片）熔量 A		备 注
		一次	二次	一次	二次	
单相	50	5	217.4	15	225	（1）单相变压器联结组为 Ii0；电压比为 10kV/0.23kV。
	100	10	434.8	25	500	
三相	30	1.73	43.3	5	50	（2）柱上三相变压器联结组为 Yyn0；电压比为 10kV/0.4kV。
	50	2.89	72.2	7.5	75	（3）变压器一次熔丝选择：100kVA 及以下者按额定电流的 2～3 倍选择；100kVA 以上者，按照额定电流的 1.5～2 倍选择。
	100	5.77	144.3	15	150	
	200	11.55	289	20	300	
	315	18.19	455	30	500	
	400	23.09	577.4	40	600	（4）变压器二次熔片按额定电流选择
	500	28.87	722	50	800	

附 录 I

(资料性附录)

典型故障案例分析报告

I.1 某供电公司10kV绝缘子故障分析

I.1.1 故障基本情况

I.1.1.1 故障概述

2014年10月4日,某供电公司10kV××路220开关过流动作跳闸,重合成功。查线发现D0238刀闸所带002变台北边相变台引线的支撑绝缘子炸裂。

I.1.1.2 故障现场情况

根据气象信息平台和运行单位反映得知,故障时天气情况为小雨,绝缘子故障现场如图I.1所示,故障绝缘子发生炸裂,绝缘子部分瓷片跌落。

I.1.1.3 故障设备情况

故障绝缘子为针式绝缘子,型号为P-20,设备厂家为A公司,于2008年8月24日投入运行。

图I.1 10kV××路变台引线支撑绝缘子现场照片

I.1.2 故障原因分析

I.1.2.1 线路落雷情况分析

故障当天为降雨天气,经查询新一代雷电定位系统,故障时刻前后5min内线路1km缓冲半径内并无落雷情况,如图I.2所示,由此可排除雷击造成绝缘子故障的可能性。

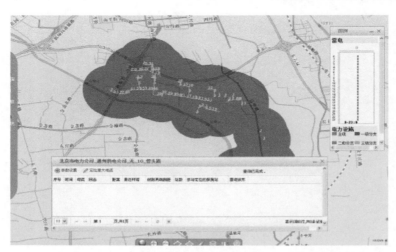

图I.2 10kV××路故障前后落雷情况查询结果

I.1.2.2 解体分析

某公司所送故障绝缘子照片如图I.3所示,绝缘子瓷件部分发生炸裂。经检查绝缘子瓷质釉面无沿面闪络痕迹，该绝缘子发生径向击穿故障，放电通道为裸导线对绝缘子内部的钢角顶部放电，钢角和硅酸盐水泥胶合剂烧蚀情况如图 I.4 所示。

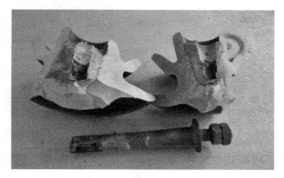

图 I.3　故障绝缘子送检照片

（a）钢角烧蚀痕迹　　　　　　　　　　　　　　　（b）水泥胶合剂烧蚀痕迹

图 I.4　故障绝缘子锈蚀情况照片

检查发现钢角顶部有明显锈蚀痕迹，如图 I.5 所示，由于钢角位于绝缘子瓷件内部，因此钢角发生严重锈蚀说明该绝缘子在故障前已产生裂纹，雨水沿着瓷件裂纹进入从而引发钢角锈蚀。

图 I.5　故障绝缘子铁芯锈蚀照片

从故障绝缘子已炸裂的瓷件剖面来看，瓷质均匀，瓷件无孔隙，但硅酸盐水泥胶合剂与瓷件之间有多处明显空隙，如图 I.6 所示。

 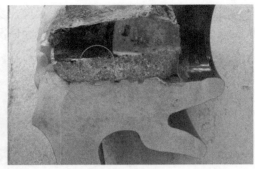

（a）角度 1　　　　　　　　　　　　　　（b）角度 2

图 I.6　故障绝缘子剖面瓷件与水泥胶合剂处孔隙照片

I.1.2.3　故障原因分析

（1）查询新一代雷电定位系统，可排除雷击造成绝缘子故障的可能性。

（2）从绝缘子解体情况看，绝缘子在故障前已产生裂纹，由于雨水的进入导致绝缘子发生径向击穿，从而引发导线对绝缘子内部钢角放电。

（3）查阅相关资料可知，"瓷包铁"结构针式绝缘子产生裂纹是其故障多发的原因。故障的主要表现形式是瓷件头部出现径向裂纹，而这种裂纹与导线的机械张力无关，纯粹是由瓷件头部内孔中硅酸盐水泥胶合剂和钢角的膨胀系数不同，引发的膨胀应力所致，从而使绝缘子炸裂。

（4）绝缘子常年暴漏在大气中，由于瓷件与钢角的膨胀系数不同，针式绝缘子瓷件的裂纹缺陷主要受雷击、污秽、鸟害、冰雪等客观环境因素影响。本次故障的针式绝缘子的硅酸盐水泥胶合剂与瓷件之间存在空隙缺陷，是加速该绝缘子产生裂纹，遇有雨水即发生击穿的重要原因。

I.1.3　结论与建议

I.1.3.1　结论

该绝缘子击穿故障的原因为：故障发生前该绝缘子即产生了裂纹，在降雨天气下雨水进入绝缘子内部，从而导致绝缘子径向击穿。

I.1.3.2　建议

（1）鉴于针式绝缘子采用"瓷包铁"结构，易产生裂纹缺陷，建议条件允许时新建 10kV 架空线路不采用针式绝缘子。

（2）针对运行年限较长、雷击灾害较为严重的架空线路进行线路清扫工作，及时发现绝缘子潜在的裂纹缺陷，同时有针对性地采用超声波局放检测仪器对架空线路进行局放检测。

（3）按照公司物资抽检管理规定，加强绝缘子等配网设备入网质量管控。

I.2　某供电公司 10kV 避雷器故障分析

I.2.1　故障基本情况

I.2.1.1　故障概述

2014 年 9 月 26 日，某 110kV 变电站某路零序动作重合不成功试发不成功，经检查发现该路 12#杆避雷器击穿。

I.2.1.2　故障设备情况

该故障避雷器是氧化锌避雷器，投运时间 2014 年 7 月 9 日，型号为 YH5WS5-17，设备厂家为××公司。故障 10kV 避雷器如图 I.7 所示。避雷器外表有明显放电痕迹。

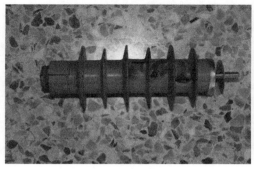

（a）角度1　　　　　　　　　　　　　　（b）角度2

图 I.7　故障避雷器照片

I.2.2　试验检测与解体分析
I.2.2.1　试验检测
避雷器炸开严重，且内部均已烧蚀，因此无法进行相关试验检测。

I.2.2.2　解体分析
对故障避雷器进行解体分析，先检查外观发现：

故障避雷器本体有三处明显的径向击穿痕迹，击穿点处的绝缘筒有明显的烧蚀痕迹，如图 I.8 所示。

进一步解体发现，硅橡胶合成护套与绝缘筒存在黏结不紧密的部位，放电痕迹在绝缘筒上有明显的分界线，见图 I.9。黏结不紧密处的硅橡胶合成外护套可直接从玻璃丝绝缘筒上分离，见图 I.10。

图 I.8　故障避雷器放电点照片

图 I.9　故障避雷器绝缘筒上的放电痕迹

阀片表面有明显的放电痕迹，烧蚀部位十分明显，如图 I.11 所示。

图 I.10　故障避雷器合成外护套内部照片　　　图 I.11　阀片上的放电痕迹

I.2.3　雷电定位系统查询情况

查询雷电定位系统，故障时段前后 5min，没有发现故障避雷器所在杆塔附近有落雷记录，如图 I.12 所示。

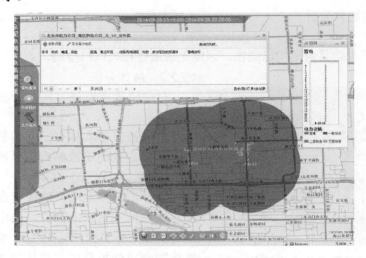

图 I.12　雷电定位系统查询结果

I.2.4　故障原因分析

根据雷电定位系统记录，9 月 26 日，城区基本无明显雷电活动记录，另外故障避雷器所在区域高大建筑物较多，发生直击雷故障的可能性十分低，因此基本可排除雷电流过大导致避雷器损坏的可能性。

解体检查中发现该避雷器存在硅橡胶合成护套与绝缘筒黏结不紧密的问题，此密封结构一旦出现问题，就有可能导致避雷器内部进水受潮进而引发故障。

根据解体分析结果，初步判断城区公司安定门路避雷器故障原因为避雷器本体密封不严，导致避雷器内部进水受潮进而引发氧化锌阀片侧面爬电导致避雷器击穿放电。

I.2.5　结论与建议

I.2.5.1　结论

综合以上因素可知故障原因如下：

（1）故障当天为城区无落雷记录，基本可排除雷电流过大造成避雷器损坏的可能性。

（2）避雷器本身存在硅橡胶合成护套与绝缘筒黏结不紧密得问题，是导致避雷器运行击穿的主要原因，属于产品质量问题。

I.2.5.2　建议

（1）加强在运同厂家同批次避雷器的排查、巡视。

（2）抽取同厂家同批次避雷器进行质量检测，对同类质量问题确认后及时安排更换同厂家同批次避雷器。

（3）加强 10kV 避雷器入网质量抽检工作。

I.3　某供电公司 10kV 电缆中间接头故障分析

I.3.1　故障基本情况

2014 年 3 月 21 日，某 110kV 变电站 218 开关零序一段保护跳闸，配网故障指挥平台显示该站 201 开关跳闸，245 自投成功。3 月 21 日 22 时 12 分确认故障点及故障原因为电缆中间接头运行击穿。现场情况如图 I.13 所示。

（a）故障电缆接头情况　　　　　　　　　　　　　　（b）故障电缆接头所处管井

图 I.13　现场照片

I.3.2　故障设备基本情况

故障电缆线路为全电缆线路，线路全长 1527m，电缆采用隧道敷设。2008 年 3 月 5 日投运，电缆截面型号为 YJY22-3×300，电缆接头厂家为××公司，电缆接头为冷缩式结构。该线路最近一次巡视日期为 2014 年 2 月 13 日，巡视结果为合格。

I.3.3　故障电缆解体分析

I.3.3.1　电缆故障点现象

如图 I.14 所示，送检电缆接头及两端电缆本体全长 287cm。送检故障电缆中间接头端部有一明显击穿孔，击穿部分电缆外护套穿孔边缘呈外翻形状。除此击穿孔外，电缆接头及两端电缆本体无明显击穿或外力破坏痕迹，外观基本完好。

I.3.3.2　解体过程与分析

（1）剥离热缩式外护套，可见电缆铜屏蔽有明显修锈蚀痕迹，铜屏蔽和铜网均有明显绿色锈渍，如图 I.15 所示。同时在剥离外护套和防水层的过程中，有滴水现象。观察剥离的电缆外护层和防水层内部，可见大量明显水迹，以及铜材留下的绿色锈迹。初步判断电缆运行环境不良，存在大量积水，电缆可能长期浸水运行。

（a）故障电缆接头整体情况 　　　　　　　　（b）故障点的击穿孔

图 I.14　电缆故障点现象

 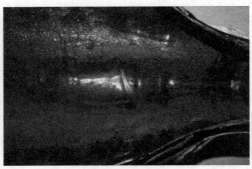

（a）电缆铜屏蔽锈蚀情况 　　　　　　　　（b）防水层内侧大量水迹

图 I.15　电缆中间接头内部锈蚀情况

（2）打开接头故障相预制绝缘橡胶件，可见明显击穿孔，击穿孔位于主绝缘中央位置，主绝缘经击穿放电烧黑，与故障击穿孔相连可见一长 6cm 左右较深的纵向刀伤划痕，划痕末端即为故障击穿位置，如图 I.16 所示。可以初步判断主绝缘刀伤受损是引发故障的主要因素之一。

（a）主绝缘划伤情况 　　　　　　　　（b）主绝缘划伤细节

图 I.16　电缆接头故障相主绝缘击穿孔及划伤情况

（3）剥离另一非故障相预制绝缘主体，可见主绝缘上存在位置和长度与故障相情况相似的纵向刀伤划痕，划痕凹凸不均在预制绝缘主体内侧半导电层表面造成一条相吻合的搁

图 I.17 非故障相主绝缘划痕情况

伤，且主绝缘划痕一端有放电痕迹，如图 I.17 所示。初步判断可能在运行中存在局部放电的情况。

（4）此外，三相接头均存在主绝缘断口未打磨，及不同程度的电缆本体半导电绝缘屏蔽剥除不平整、未倒角打磨，主绝缘表面打磨粗糙等施工安装质量问题。

I.3.4 结论与建议

I.3.4.1 结论

（1）电缆接头施工安装工艺粗糙，不止一相存在主绝缘纵向刀伤划痕的重大缺陷，解体情况可见故障相刀伤划痕与击穿孔相连，分析电缆绝缘被划伤是接头故障的主要原因。

（2）另外解体过程中明显可见电缆中间接头内大量进水，从电缆内铜屏蔽的锈蚀情况看，故障电缆接头运行环境较差，存在大量积水，其他电缆接头可能留有受潮隐患。

I.3.4.2 建议

（1）建议在电缆接头制作过程中，加强管控，严格按照工艺规范进行施工，严格执行公司的接头安装工管理制度，提高施工安装质量，避免出现类似隐患。

（2）建议加强线路周期巡视管理，及时发现处理隧道、管井内积水。

（3）建议对本路电缆进行 OWTS 振荡波检测，进一步排除其他电缆接头是否存在施工安装隐患以及进水受潮隐患。

附 录 J

（资料性附录）

10kV 架空线路分界负荷开关安装原则

J.1 相关术语

J.1.1 10kV 架空线路分界负荷开关

10kV 架空线路分界负荷开关由开关本体及控制器构成，其功能为运行中自动隔离用户侧相间短路故障、自动切除用户侧接地故障，并可用于操作拉合负荷电流，以下简称分界负荷开关。

J.1.2 大支线

10kV 架空线路中所接 10kV 用户数（含公变数量）大于 3 个的 10kV 架空线路支线，简称大支线。

J.1.3 小支线

10kV 架空线路中所接 10kV 用户数（含公变数量）小于或等于 3 个的 10kV 架空线路支线，简称小支线。

J.1.4 新装

对接入公司 10kV 架空线路的新报装高压用户加装分界负荷开关，简称新装。

J.1.5 补装

对现状高压用户或小支线通过技改工程等途径补充安装分界负荷开关，简称补装。

J.2 分界负荷开关安装位置

J.2.1 新装

（1）新报装高压用户直接接入主干线或大支线的，在新报装用户负荷支线接入主干线或大支线处应加装分界负荷开关，如图 J.1 所示。

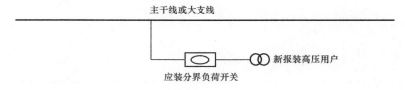

图 J.1

（2）新报装高压用户所在小支线接入主干线或大支线处未加装分界负荷开关的，在新报装用户负荷支线接入小支线处应加装分界负荷开关，如图 J.2 所示。

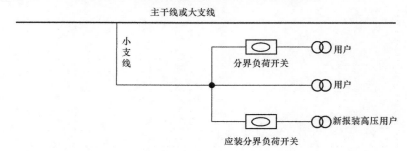

图 J.2

（3）新报装高压用户所在小支线接入主干线或大支线处已加装分界负荷开关的（该开关不视作与用户产权分界点），在新报装用户负荷支线接入小支线处不应加装分界负荷开关，如图 J.3 所示。

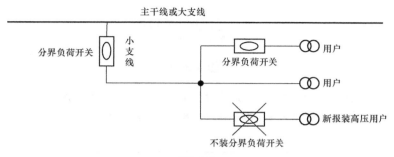

图 J.3

（4）新报装高压用户接入小支线后，支线所带用户数大于 3 个，且原小支线接入主干线或大支线处未加装分界负荷开关的，在新报装用户负荷支线接入原小支线处应加装分界负荷开关，如图 J.4 所示。

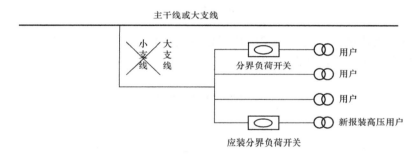

图 J.4

（5）新报装高压用户接入小支线后，支线所带用户数大于 3 个，且原小支线接入主干线或大支线处已加装分界负荷开关的（该开关不视作与用户产权分界点），在新报装用户负荷支线接入大支线处不加装分界负荷开关，如图 J.5 所示。

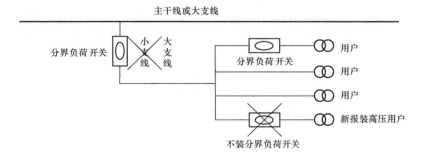

图 J.5

J.2.2 补装

（1）用户负荷支线接入主干线或大支线处未装分界负荷开关的，应补装分界负荷开关，如图 J.6 所示。

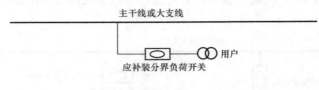

图 J.6

（2）用户负荷支线接入小支线处未加装分界负荷开关的，应在小支线接入主干线或大支线处补装分界负荷开关（该开关不视作与用户产权分界点），如图 J.7 所示。

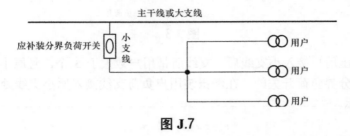

图 J.7

（3）用户负荷支线接入小支线处均已加装分界负荷开关的，在小支线接入主干线或大支线处不再补装分界负荷开关，如图 J.8 所示。

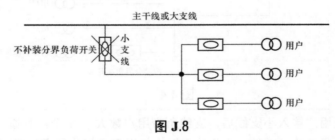

图 J.8

J.3 分界负荷开关安装优先级

J.3.1 新装

为确保分界负荷开关在安装后发挥最大效果，应按以下顺序加装分界负荷开关：

（1）带重要用户线路。带有二级及以上重要用户的线路，应在新装用户负荷支线或小支线处加装分界负荷开关。

（2）施工用电。报装为临时施工用电的新装用户。

（3）内部 10kV 架空线路长度大于 200m 的新装用户。

（4）内部存在 10kV 直埋电缆的新装用户。

（5）其他新装用户。

J.3.2 补装

各单位应充分结合技改项目，补充安装分界负荷开关。为确保分界负荷开关在安装后发挥最大效果，应按以下顺序进行补装：

（1）故障高发用户。发生过 2 次及以上因内部原因引发线路故障的用户，应在用户负荷支线处补装分界负荷开关。

（2）近期故障用户。1 年以内发生过因内部原因引发线路故障的用户，应在用户负荷支线处补装分界负荷开关。

（3）带重要用户线路。带有二级及以上重要用户的线路，线路所带用户或小支线应补装分界负荷开关。

（4）故障高发小支线。1 年以内发生过非用户原因故障的小支线，应在小支线接入主干线或大支线处补装分界负荷开关。

（5）施工用电。内部有临时施工用电的用户，应在用户负荷支线处补装分界负荷开关。

（6）其他线路或用户。

附　录　K
（资料性附录）
线 路 限 额 电 流 表

钢芯铝绞线载流量见表 K.1。

表 K.1　钢芯铝绞线载流量（工作温度 70℃）　　　　单位：A

型号	LGJ LGJF					
导体截面/钢芯截面 mm²	环境温度℃					
	20	25	30	35	40	45
35/6	180	170	160	150	135	120
50/8	220	210	195	180	165	150
50/30	225	210	200	185	170	155
70/10	270	255	240	220	205	180
70/40	265	250	240	225	205	185
95/15	355	335	310	285	260	230
95/20	325	305	285	265	245	220
95/55	315	300	285	265	245	225
120/7	405	380	355	330	300	265
120/20	405	380	355	325	295	260
120/25	375	350	330	305	280	255
120/70	355	340	320	300	280	255
150/8	460	435	405	370	335	300
150/20	470	440	410	375	340	300
150/25	475	450	415	385	345	305
150/35	475	450	415	385	345	305
185/10	535	505	470	430	390	345
185/25	595	560	520	475	430	380
185/30	540	510	475	435	395	345
185/45	550	520	480	445	400	355
240/30	655	615	570	525	475	415
240/40	645	605	565	520	470	410
240/55	655	615	570	525	475	420
300/15	730	685	635	585	530	465
300/20	740	695	645	595	540	475
300/25	745	700	650	600	540	475
300/40	745	700	650	600	540	475
300/70	765	715	665	610	550	485

LJ 型铝绞线载流量见表 K.2。

表 K.2　LJ 型铝绞线载流量（工作温度 70℃）　　　单位：A

导线型号	计算截面 mm²	股数/股径 mm	导线外径 mm	直流电阻不大于（20℃）Ω/km	计算拉断力 N	计算质量 kg/km	长期允许电流 A	交货长度不小于 m
LJ-16	15.89	7/1.70	5.10	1.802	2840	43.5	105	4000
LJ-25	25.41	7/2.15	6.45	1.127	4355	69.6	135	3000
LJ-35	34.36	7/2.50	7.50	0.833	5760	94.1	170	2000
LJ-50	49.48	7/3.00	9.00	0.579	7930	135.5	215	1500
LJ-70	71.25	7/3.60	10.80	0.402	10950	195.1	265	1250
LJ-95	95.14	7/4.16	12.48	0.301	14450	260.5	325	1000
LJ-120	121.21	19/2.85	14.25	0.237	19420	333.5	375	1500
LJ-150	148.07	19/3.15	15.75	0.194	23310	407.4	445	1250
LJ-185	182.80	19/3.50	17.50	0.157	28440	503.0	515	1000
LJ-240	238.76	19/4.00	20.00	0.121	36260	656.9	610	1000

注：长期允许电流为环境温度为 25℃时、导线温度 70℃的数值。

10kV 交联聚乙烯绝缘线技术参数见表 K.3。

表 K.3　10kV 交联聚乙烯绝缘线技术参数

导体标称截面 mm²	导体参考直径 mm	导体屏蔽层最小厚度 mm	绝缘层标称厚度 mm 薄绝缘	20℃导体电阻不大于 Ω/km			导线拉断力不小于 N	
				硬铜芯	软铜芯	铝芯	硬铜芯	铝芯
35	7	0.5	2.5	0.54	0.524	0.868	11731	5177
50	8.3	0.5	2.5	0.399	0.387	0.641	16502	7011
70	10	0.5	2.5	0.276	0.268	0.443	23461	10354
95	11.6	0.6	2.5	0.199	0.193	0.32	31759	13727
120	13	0.6	2.5	0.158	0.153	0.253	39911	17339
150	14.6	0.6	2.5	0.128	—	0.206	49505	21003
185	16.2	0.6	2.5	0.102	—	0.164	61846	26732
240	18.4	0.6	2.5	0.078	—	0.125	79823	34679

注 1：JK—架空；L—铝导体；TR—软铜导体；硬铜导体省略；YJ—交联聚乙烯绝缘；Y—高密度聚乙烯；/B—本色绝缘，耐候黑色绝缘省略；/Q—轻型薄绝缘结构；N—内屏蔽；普通绝缘结构省略。
示例：铝芯带内屏蔽交联聚乙烯架空绝缘导线，额定电压 10kV、单芯、标称截面 120mm²。表示为：JKLYJ/QN-10、1×120。

注 2：允许载流量可视同于同截面裸导线。

10kV 三芯电力电缆允许载流量见表 K.4。

表 K.4　10kV 三芯电力电缆允许载流量（工作温度 90℃）　　单位：A

绝缘类型	交联聚乙烯			
钢铠护套	无		有	
敷设方式	空气中	直埋	空气中	直埋
缆芯截面 mm² 25	100	90	100	90
35	123	110	123	105
50	146	125	141	120
70	178	152	173	152
95	219	182	214	182
120	251	205	246	205
150	283	223	278	219
185	324	252	320	247
240	378	292	373	292
300	433	332	428	328
400	506	378	501	374
500	579	428	574	424
环境温度 ℃	40	25	40	25
土壤热阻系数 K·m/W		2.0		2.0

注 1：表中系铝芯电缆数值；铜芯电缆的允许持续载流量值可乘以 1.29。
注 2：缆芯工作温度大于 70℃时，允许载流量的确定还应符合下列规定：
（1）数量较多的该类电缆敷设于未装机械通风的隧道、竖井时，应计入对环境温升的影响。
（2）电缆直埋敷设在干燥或潮湿土壤中，除实施换土处理等能避免水分迁移的情况外，土壤热阻系数取
　　　值不宜小于 2.0K·m/W。

35kV 及以下电缆在不同环境温度时的载流量的校正系数 K 见表 K.5。

表 K.5　35kV 及以下电缆在不同环境温度时的载流量的校正系数 K

敷设环境	空气中				土壤中			
环境温度 ℃	30	35	40	45	20	25	30	35
缆芯最高工作温度 ℃ 60	1.22	1.11	1.0	0.86	1.07	1.0	0.93	0.85
65	1.18	1.09	1.0	0.89	1.06	1.0	0.94	0.87
70	1.15	1.08	1.0	0.91	1.05	1.0	0.94	0.88
80	1.11	1.06	1.0	0.93	1.04	1.0	0.95	0.90
90	1.09	1.05	1.0	0.94	1.04	1.0	0.96	0.92

注：其他环境温度下载流量的校正系数 K 可按下式计算：

$$K=\sqrt{\frac{\theta_m-\theta_2}{\theta_m-\theta_1}}$$

式中：

θ_m ——缆芯最高工作温度，℃；

θ_1 ——对应于额定载流量的基准环境温度，℃；在空气中取 40℃，在土壤中取 25℃；

θ_2 ——实际环境温度，℃。

不同土壤热阻系数时的载流量的校正系数 K 见表 K.6。

表 K.6　不同土壤热阻系数时的载流量的校正系数 K

土壤热阻系数 K·m/W	分类特征（土壤特性和雨量）	校正系数 K
0.8	土壤很潮湿，经常下雨。如湿度大于 9% 的沙土；湿度大于 10% 的沙—泥土等	1.05
1.2	土壤潮湿，规律性下雨。如湿度大于 7% 但小于 9% 的沙土；湿度为 12%～14% 的沙—泥土等	1.0
1.5	土壤较干燥，雨量不大。如湿度为 8%～12% 的沙—泥土等	0.93
2.0	土壤较干燥，少雨。如湿度大于 4% 但小于 7% 的沙土；湿度为 4%～8% 的沙—泥土等	0.87
3.0	多石地层，非常干燥。如湿度小于 4% 的沙土等	0.75
注：本表适用于缺乏实测土壤热阻系数时的粗略分类。		

直埋多根并行敷设时电缆载流量校正系数见表 K.7。

表 K.7　直埋多根并行敷设时电缆载流量校正系数

并列根数 / 缆间净距	1	2	3	4	5	6	7	8	9	10
100mm	1.00	0.9	0.85	0.80	0.78	0.75	0.73	0.72	0.71	0.70
200mm	1.00	0.92	0.87	0.84	0.82	0.81	0.80	0.79	0.79	0.78
300mm	1.00	0.93	0.90	0.87	0.86	0.85	0.85	0.84	0.84	0.83
注：本表不适用于三相交流系统中使用的单芯电缆。										

空气中单层多根并行敷设电缆载流量校正系数见表 K.8。

表 K.8　空气中单层多根并行敷设电缆载流量校正系数

并列根数		1	2	3	4	6
电缆中心距	$s=d$	1.00	0.90	0.85	0.82	0.80
	$s=2d$	1.00	1.00	0.98	0.95	0.90
	$s=3d$	1.00	1.00	1.00	0.98	0.96
注 1：s 为电力电缆中心间距离，d 为电力电缆外径。						
注 2：本表按全部电力电缆具有相同外径条件制订，当并列敷设的电力电缆外径不同时，d 值可近似地取电力电缆外径的平均值。						
注 3：本表不适用于三相交流系统中使用的单芯电力电缆。						